办公空间设计

OFFICE SPACE DESIGN

主　编　蔡丽芬
副主编　李明辉　戴　文
参　编　张　勇

北京理工大学出版社
BEIJING INSTITUTE OF TECHNOLOGY PRESS

内 容 提 要

　　本书对接室内装饰设计师岗位需求，落实以项目引领、任务驱动为导向的教学改革要求，引入装饰企业设计师的典型工作任务，以真实企业项目的工作过程为设计主线，以项目式新型工作手册式体例编写。本书包括SOHO办公空间设计、联合办公空间设计、景观办公空间设计、环保办公空间设计、未来办公空间设计5个项目，具有鲜明的时代性、创新性、实践性。本书配套建设了在线开放课程，配套丰富的教学视频、微课、动画、教学PPT、教案、思政案例、习题库、试卷等教学资源，为实现翻转课堂、线上线下混合式教学和在线学习奠定了基础。

　　本书可以作为高职院校室内设计技能训练与理论指导教材，也可以作为中职、职业本科院校室内设计专业技能训练教材，还可以供装饰企业职工培训和社会学习者学习。

图书在版编目（CIP）数据

　　办公空间设计 / 蔡丽芬主编.--北京：北京理工
大学出版社，2024.2
　　ISBN 978-7-5763-3009-0

　　Ⅰ.①办…　Ⅱ.①蔡…　Ⅲ.①办公室－室内装饰设计
－高等学校－教材　Ⅳ.①TU243

　　中国国家版本馆CIP数据核字（2023）第202996号

责任编辑：王梦春	文案编辑：杜　枝
责任校对：刘亚男	责任印制：王美丽

出版发行 / 北京理工大学出版社有限责任公司
社　　址 / 北京市丰台区四合庄路6号
邮　　编 / 100070
电　　话 / （010）68914026（教材售后服务热线）
　　　　　　（010）68944437（课件资源服务热线）
网　　址 / http：//www.bitpress.com.cn
版 印 次 / 2024年2月第1版第1次印刷
印　　刷 / 河北鑫彩博图印刷有限公司
开　　本 / 889 mm×1194 mm　1/16
印　　张 / 11.5
字　　数 / 322千字
定　　价 / 98.00元

前言 PREFACE ···◉

本书编写时融入党的二十大精神，全面落实立德树人根本任务，教材思政元素与办公空间设计的专业知识学习和技能培养相融合。本书遵循职业教育规律，校企协同开发教材内容和配套数字化教学资源，创设建筑装饰企业设计师的工作情景作为教学场景。

本书从人才培养目标出发，对接"1+X"室内设计职业技能（初级）与建筑装饰装修数字化设计（初级）职业能力要求，根据学生的认知特点和学习阅读新需求，依据建筑装饰企业室内设计项目的典型工作流程，按"项目—工作领域—工作任务"分步骤展开项目实施。本书包括SOHO办公空间设计、联合办公空间设计、景观办公空间设计、环保办公空间设计、未来办公空间设计5个项目，每个项目既前后衔接又相对独立，由易到难递进式培养学生的专业技能。坚持守正创新，采用项目化、工作手册式体例编写，理实一体，行动导向，任务驱动，教材编排形式生动活泼，图文并茂，配套建设了在线开放课程，数字化教学资源丰富，并精选行业拓展资讯、案例及典型的数字化资源以二维码形式呈现，即扫即用，可满足在线学习和混合式学习需求。

本书由江苏经贸职业技术学院与中建装饰总承包工程有限公司合作编写。编写人员的教学经验和企业实践经验丰富：主编蔡丽芬为江苏经贸职业技术学院教授、中国建筑室内设计协会会员，有多年的企业装饰设计工作经验，曾主编国家规划教材，主持省级在线精品课程，负责全书的设计、撰写、统稿和定稿。副主编李明辉为江苏经贸职业技术学院副教授，参与项目5编写与部分数字资源建设；戴文为中建装饰总承包工程有限公司高级工程师、设计研究院总设计师，负责部分"项目合作探究"学生实训的编写，提供企业设计案例及数字资源、行业规范、新标准、新材料等。参编张勇为中装顶艺（北京）文化发展有限公司高级室内建筑师，为教材提供设计案例及部分素材资源。

本书适用对象是高等院校建筑装饰、环境艺术设计、艺术设计各专业的学生及社会学习者，可以作为高职院校建筑装饰等专业室内设计技能训练与理论指导教材，也可以作为中职、中专、技校、本科院校室内设计技能训练教材和装饰企业职工培训专业教材。

本书编写过程中参考了大量资料，在此对相关作者表示感谢。由于编者水平有限，书中难免存在不足之处，敬请各位读者批评指正。

编　者

教材使用说明 INSTRUCTIONS .... ◎

一、教材适用对象

本书可以作为室内设计技能训练与理论指导教材，适用对象是高职院校建筑装饰、建筑装饰工程技术、建筑室内设计、室内艺术设计、环境艺术设计、艺术设计等各专业的学生，也可以作为中职、职业本科的室内设计专业技能训练教材，还可以供装饰企业职工培训和社会学习者学习。

二、教材建设思路

本书落实党和国家教育政策，坚持"价值引领、知识传授、能力培养"的统一，通过"素养提升"特色栏目将党的二十大精神融入办公空间设计实践中，通过"调查研究""职场直通车"等栏目自然融入责任担当、文化自信、绿色环保、工匠精神、遵纪守法、传统文化等课程思政内容。

本书坚持以学生为中心的教学理念，"岗课赛证"融通，对接室内装饰设计、建筑装饰装修数字化设计（中级）职业能力等级标准，融入装饰行业新材料、新工艺、新科技，以企业真实项目或行业比赛项目为载体，创新项目化、工作手册式编写体例，从"认知了解、知识学习、实践训练、拓展提高"四个递进式维度和课前知识准备、课中任务实践、课后巩固拓展三个阶段，增强教材的趣味性和实用性，突出学生专业职业技能和综合职业素养的培养。

三、教材使用说明

《办公空间设计》是针对办公空间装饰工程项目设计这一职业典型工作任务开发的基于学习领域课程的工作手册式教材，配套建设在线开放课程与数字化教材和教学平台，线上数字教学资源丰富，适合当前线上线下混合式教学、翻转课堂教学模式，方便学生、教师在线教学使用。

（一）主要内容

教材内容根据"项目—工作领域—工作任务"分层实施教学需要。由易到难递进式编排 5 个办公室设计项目，每个项目按照办公室项目设计实施工作流程展开，分"专业知识学习"与"技能实训"两个模块，创设企业设计岗位实训学习情境，培养学生的职业岗位技能和职业岗位素质。教材主要内容为五个难度递进的项目（具体见表 1）。

表 1　教材内容与建议学时

项目序号	项目名	建议学时
项目 1	SOHO 办公空间设计	12 学时
	SOHO 办公空间项目实训（必做）	
项目 2	联合办公空间设计	12 学时
	联合办公空间项目实训	
项目 3	景观办公空间设计	13 学时
	景观办公空间项目实训	
项目 4	环保办公空间设计	14 学时
	环保办公空间项目实训	
项目 5	未来办公空间设计	14 学时
	未来办公空间项目实训（必做）	

注：教师可以根据本校的课时设置情况选做项目 2、项目 3、项目 4 的项目实训（三选一）。

（二）项目实施过程

本书适合线上线下混合式和项目化教学模式。由于课内课时有限，拓展知识与课后实训部分学生应在课后自主完成，教师在云平台引导学习、发布学习任务、检查学习成果。

1. 课前

教师要在平台发布项目任务与具体学习任务，了解学生自主学习情况。

学生课前在课程云平台自主学习，查阅资料，小组讨论问题，根据教材引导问题自学自测，检验学习效果（采用"翻转课堂"），如了解项目环境现状及建筑条件、客户装修要求及项目实施要求，明确最终需要完成的项目成果。教师根据异质分组原则进行学生分组（每组 2~3 人），分配工作任务。

2. 课中

教师通过项目演练使学生掌握办公室设计技能，通过融入思政元素提升学生综合素养。如通过案例分析，重点、难点相关知识讲解，组织学生讨论，分解学习任务等体现以学生为主体的教学模式，组织学生实训，安排学生扮演客户与设计师，体验职业角色，激发学生学习兴趣。

3. 课后

教师布置拓展知识学习与实训任务，安排学生自主学习，巩固知识，强化技能，让学生了解更多行业资讯及设计案例。如学生依据办公空间设计项目流程完成设计任务，汇报展示最终成果，实现学生自评、小组成员互评、企业导师和教师评价相结合。学生通过课程平台及二维码答题，完成知识测试，巩固知识点，完成项目施工图等实训任务，强化职业技能。

（三）项目设计流程

教材以项目设计流程展开：项目导入、项目分解、自主探学、知识链接、案例分析、项目合作探究、项目评价与总结、知识巩固与技能强化。

项目合作探究的技能实训主要用于指导学生依据职业技能要求及办公空间设计流程的步骤展开实训活动。每个项目实施分为"项目—工作领域—工作任务"三个层次的任务，学生可以根据"工作任务单"上的 4~6 个工作领域逐步完成项目。每个工作领域按任务思考、任务实施过程、任务指导、任务实施评价、知识拓展与课后实训五个步骤展开。这些工作任务与企业办公室室内设计基本保持一致，逐步引导学生完成整个办公空间的设计任务。 教材还包含丰富的职场资讯、设计案例、设计规范与数据等二维码资源，为学生自主拓展学习提供资源、笔记及各类过程表格，帮助学生开展项目实训。

（四）课程思政设计

教材体现"立德树人"的育人目标。内容密切对接行业、专业，培养学生遵纪守法、责任担当、文化自信、绿色环保等工匠精神。

首先，厚植爱国主义情怀，提升学生的文化自信。提倡使用国产智能科技产品，体现"制造强国、质量强国、数字中国"的责任担当。

其次，体现"人与环境"的和谐，创造和谐的人际关系。所选用的装修材料生态化，树立首选无污染、易降解、可再生的节约能源的环保材料的意识。

最后，挖掘历史文化元素应用于办公空间设计，传承优秀传统文化，振兴民族优秀文化。督促学生遵守行业的法律法规，培养设计师职业道德与素养。在项目实训过程中培养精益求精、严谨专注、专业、敬业的工匠精神。

目录 CONTENTS ························ ◉

项目1 | SOHO办公空间设计

1.1 项目导入

　　客户李某大学毕业后从事数字媒体工作，6 年后初创了自己的自媒体创意公司，主要为品牌和短视频创作者提供视频创作等服务。公司目前有员工 8 人，还有多名兼职的视频平台营销人员及创意人员。李某所租住的是商住两用办公楼，总面积 230 多 m^2，李某想把这处商住用房打造成一个年轻、时尚、开放的 SOHO 办公空间，突出公司的数字媒体文化特征，功能上能满足企业的团队办公、客户来访洽谈及客户个人的生活起居。

1.2 项目分解

1.2.1 项目全境

　　SOHO 办公空间设计项目思维导图如图 1-1 所示。

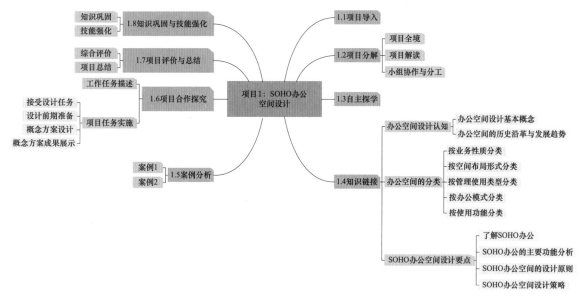

图 1-1　SOHO 办公空间设计项目思维导图

1.2.2 项目解读

SOHO 办公空间设计项目说明见表 1-1。

表 1-1 SOHO 办公空间设计项目说明

概况与要求		项目说明
建筑条件		本项目位于上海长寿路的商住两用建筑中,建筑低调、安静地坐落于街巷的转角处。建筑结构为框架结构,层高 3.4 m,建筑面积 230 m² 建筑原始平面图
客户要求		功能上要满足居家、办公两大功能区,主要的功能需求有独立办公室、公共办公区、会议讨论区、接待区、洽谈区、休闲区、睡眠区、餐厨空间、洗漱区及储藏空间等功能空间。各个空间尽量可以共享,空间布局灵活、通透,利用率要高。设计风格简洁、时尚、有新意。装修材料要环保,装修水准中档
学习目标	知识目标	1. 了解办公空间的基本概念及发展历史。 2. 掌握办公空间的分类。 3. 掌握 SOHO 办公空间设计的理论知识
	技能目标	1. 具备资料收集、分析问题与解决问题的能力。 2. 具备对办公空间平面方案优化的能力。 3. 具备手绘效果图设计表达能力。 4. 具备 SOHO 办公空间的创新设计能力
	素质目标	1. 坚持健康、环保、绿色的设计理念。 2. 自觉弘扬民族文化,倡导民族精神。 3. 具备一定的创新意识与创新能力

1.2.3 小组协作与分工

根据异质分组原则,把学生按照 2 ~ 3 人成组,小组协作完成项目任务,在表 1-2 中填写小组成员的主要任务。

表 1-2 项目团队任务分配表

项目团队成员		特长	任务分工	指导教师
班级				学校教师
				企业教师
组长	学号			
组员姓名	学号			
	学号			
	学号			

备注说明

1.3　自主探学

微课：办公空间的分类

课前自主学习本项目的知识点，完成以下问题自测。

引导问题 1：主要有哪些新型办公形态？

引导问题 2：什么是 SOHO 办公空间？

通过网络调研，组织同学们分组讨论办公空间的发展趋势，从可持续发展、绿色环保、智能化角度思考未来的办公发展方向。

小组讨论 1：主题：如何使办公环境更"健康"？

小组讨论 2：主题：未来数字化时代的办公空间会是什么样子？

1.4　知识链接

1.4.1　办公空间设计认知

1. 办公空间设计基本概念

办公空间设计是利用空间设计的基本原则与设计方法，解决办公环境的空间结构与人的活动及办公流程的关系，从而进行空间的界面与功能的设计。

（1）办公空间设计定义。办公空间设计是指对用于工作的空间环境进行功能布局，对交通、空间的物理和心理分割。为工作人员创造一个方便舒适、高效、安全、环保的室内工作环境，通过优质的办公环境质量来提高员工的工作效率。

办公空间设计涉及科学、技术、人文、艺术等诸多因素，可以采用不同的设计风格满足客户不同的审美与心理需求，如图 1-2、图 1-3 所示。

（2）办公空间设计目的。办公空间室内设计的首要目的就是为工作人员提供安全舒适、高效方便、卫生环保、智能化的工作环境，以便更大限度地提高员工的工作效率。

其中，"安全舒适"涉及建筑工学、环境心理学、建筑防灾、装饰构造等方面的内容；"高效方便"则体现在功能分配与流线规划上，再配合人体工程学要求来实施。

"卫生环保"涉及卫生学、给水排水规划及绿色环保材料等方面的内容；"智能化"涉及信息学、数字科学、计算机等学科，与网络、人工智能、大数据和物联网等技术关联。

图 1-2　现代风格办公空间（学生习作　赵兴盛）

图 1-3　景观办公空间

2. 办公空间的历史沿革与发展趋势

（1）办公空间发展阶段。办公空间的发展历史主要经历了农业社会、工业革命社会、后工业时期时代、信息时代四个发展时期。在不同的时代，办公空间的功能、特色都有很大的不同（图1-4）。

微课：办公空间
历史沿革

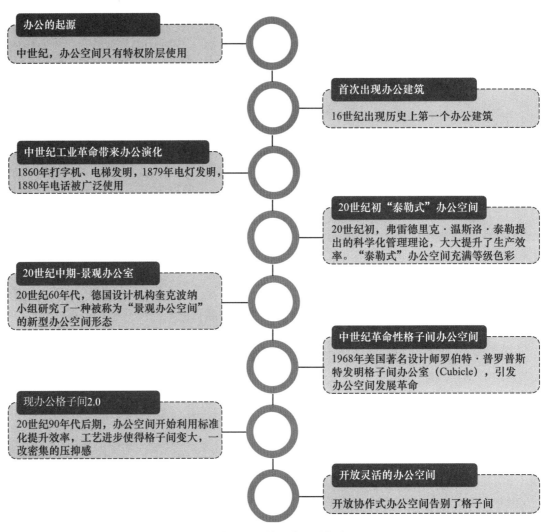

图1-4 办公空间的历史沿革与发展图

素养提升

通过网络调研，了解我国 19 世纪 30 年代的办公空间布置。在南京的梅园新村纪念馆中，至今保留着那个年代周恩来总理使用过的办公室原貌，他在这里会见访客，处理日常事务。请大家讨论那个时代的办公空间设计布局及办公家具的特色。

（2）新型办公形态兴起。随着互联网及智能科技的发展，办公室形态及办公的模式都有了巨大的变化，与传统的办公空间相比，现代办公空间的功能也发生了较大的改变。现代办公空间的主要形态有 SOHO 型、景观型、共享型、移动型、旅馆型办公类型（表1-3）。

表 1-3　新型办公形态

办公类型	办公室特点
SOHO 办公空间	"SOHO" 即 "Small Office Home Office"，是一种全新的办公概念，其意是"小型办公空间，家庭办公空间"。特点是同时兼具办公与生活两种功能，节约办公成本
景观办公空间	景观办公空间注重"人与环境"之间的情感愉悦，创造和谐的人际关系，将室外景观元素引入办公空间设计，在室内设计中应用景观园林的设计元素。依据工作流程及员工的工位、工作组团之间的关系来合理布置景观，利用景观植物墙、活动植物隔断、景观小品、悬挂式植物装置、景观家具或绿化区来划分空间（图 1-5）
共享办公空间	共享办公空间是指不同的公司或创业者通过租赁等形式，共同使用办公空间环境及设施，享受配套的增值服务的办公模式。租期比较灵活，随租随用，节约办公成本，适合初创人员或企业，办公人员及业务变化较大的项目团队或小型企业
移动办公空间	企业移动办公空间一般采取开放的空间设计、灵活的布局。员工没有固定的座位及私人办公室。办公时间、办公方式比较灵活，根据办公需要可以灵活选择办公区的座位及房间。员工聚集在公司时，更多时间是在讨论、开会及碰撞灵感。这种自由、灵活的移动办公方式适合科技类、创意类公司
旅馆办公空间	旅馆办公空间的面积大小可以根据需求确定，租用方便，灵活性较大，节约装修成本，但是租金略贵。适合使用时间集中、办公设备比较简单的小型企业

景观办公空间采用开畅的空间形态，把室外美景引入室内，用绿植装饰办公室，选择环保的装修材料，营造一个安静的休息空间（图 1-6）。

图 1-5　某企业休闲区（学生习作　杨蒙）　　　　图 1-6　某企业休闲区

（3）办公空间设计发展趋势。随着科技进步和人们生活方式的改变，办公室发展趋势将更加开放化、智能化、人性化。办公环境不仅用来工作，更加凸显信息共享、互动交流、行业培训、社区活动等功能。在办公空间环境中融入自然景观元素，以及舒适的人际交往空间，可以达到缓解员工工作压力的目的。

1）工作场所的多元化。互联网与移动通信设备的发展使办公不再受时间、空间及地域的限制，人们使用连接网络的便携式计算机、视频会议软件，可以在咖啡馆、图书馆、交通工具等各类场所随时办公，实现跨部门、跨地域的移动办公模式。

2）空间设计的人性化。21 世纪的办公空间让人们在工作环境中获得灵感、激励、愉悦。办公空间的"人性化"是从员工的心理精神需求出发，对传统空间模式进行调整，将办公座位设计成灵活、可移动的组合，并能够根据团队人员需要增减、组合，尽量提供人性化的办公服务，为员工设置咖啡吧、茶座、休闲娱乐活动空间，创造更有利于健康的办公空间（图 1-7）。

动画：办公空间成长动画（学生习作　王晴）

3）办公环境的景观化。在办公区域将自然环境的设计元素引入室内，尽可能地增加自然采光，建立高质量的室内采光；设置多层次的立体绿化系统，改善室内小气候环境；创造开敞的空间环境（图1-8），使工作人员能更直接、方便地亲近自然。把景色优美的邻窗区域用作开放的办公区，使更多普通员工享受景观。

图 1-7　某企业某吧（学生习作　黄情浓）　　图 1-8　某企业休闲区景观设计（学生习作　杨蒙）

4）装修材料生态化。未来的办公空间设计更加关注员工的健康，在装修时尽可能采用绿色材料；使用无污染、易降解、可再生的环保材料（图1-9）。采用环保新材料与自然材料，以降低建造成本，减少建筑能耗，在设计中应尽量改善自然采光与通风条件，减少人工照明及空调的使用。

智能化办公空间
案例

（a）　　　　　　　　　　　　　　　（b）

图 1-9　使用环保易降解材料的办公空间

（a）示意一；（b）示意二

5）办公设备智能化。飞速发展的智能科技和智能产品已经进入办公环境，办公智能化主要的内容有智能办公系统、智能电力系统、智能安防系统及智能办公家具几大块，智能办公系统强调日常办公电子化、网络化、规范化与统一化。合理有效地规划办公资源，节省企业的办公成本，让员工感受到良好的办公体验。智能化办公实现跨区域、跨部门的远程办公模式，既节约办公时间，又提高工作效率，节省大量差旅经费。

1.4.2　办公空间的分类

办公空间的种类很多，因行业、机构的性质、类别不同，其办公方式各有差异。办公空间可以按业务性质、空间布局形式、管理使用类型、办公模式、使用功能等分类。

1. 按业务性质分类

办公空间按业务性质分类，可分为行政办公空间、专业性办公空间、商业办公空间和综合性办公空间四大类。

（1）行政办公空间。行政办公空间是指党政机关、人民团体、事业单位的办公空间。

（2）专业性办公空间。专业性办公空间是指行政单位或企业等专业单位所使用的办公空间，具有较强的专业性。

（3）商业办公空间。商业办公空间是指商业和服务业等企业的办公空间。

（4）综合性办公空间。综合性办公空间是指同时具有商业、服务业、旅游业等综合行业的办公空间。

2. 按空间布局形式分类

办公空间按空间布局形式分类，主要可分为独立办公空间、开放式办公空间和景观办公空间三大类。

（1）独立办公空间。独立办公空间也称为私人办公空间，可分为全封闭式、透明式或半透明式（表1-4）。

表 1-4　独立办公空间设计特点

名称	概念	设计特点	
独立办公空间	指用较高的隔墙或隔断把办公空间分隔开，变成独立办公空间的形式（图1-10、图1-11）	1. 主要的使用对象为公司中高层管理人员及有私密性要求的部门。 2. 透明式的隔断采光较好，还便于对员工进行监督与管理，可以通过加窗帘改为封闭式。 3. 独立办公室的室内比例，开间：3.6 m、4.2 m、6.0 m；进深：4.8 m、5.4 m、6.0 m		
		优点	缺点
		1. 独立性强，具有较高的私密性。 2. 工作时比较安静，干扰小。 3. 灯光、空调等系统可独立控制	1. 分隔较多，面积利用率低，人均占用面积较大。 2. 装修成本高，隔墙等装修后不易拆迁、变动。 3. 不方便对员工进行管理与监督。 4. 能耗比较浪费

图 1-10　某企业总经理办公空间　　　　图 1-11　某企业经理办公空间

（2）开放式办公空间。一般来说，开放式办公空间在整个办公空间中所占面积较大、使用人数最多，也是最能体现公司特色与办公氛围的区域（表1-5）。

表 1-5 开放式办公空间装修特点

名称	概念	特点	
开放式办公空间	一般用灵活隔断将大面积、大空间的办公空间分割成若干个不同的工作部门。较多的人集中在一个大空间中办公（图 1-12）	1. 不按照人员的地位、级别安排工作区域，而是按照所承担的任务来确定位置。 2. 以项目或部门组团形式分配区域，形成相对独立的工作区域，俗称"工作岛"。 3. 空间围合形式及家具布置都比较灵活，没有门，没有高大、固定的隔断，工作空间用低矮的隔板分隔，或者不分隔	
		优点	缺点
		1. 降低建筑装修成本，减少了能源损耗。 2. 利用率高，能够容纳更多的员工。 3. 方便员工联系和沟通，促进团队协作。 4. 便于管理员工，容易了解员工的工作状况。 5. 可以共享办公设备，形成集中化的管理和服务	1. 环境比较嘈杂，相互干扰大。 2. 只有很多人同时办公时才能节约能源，人少则会浪费能源。 3. 没有个人私密空间，隐私性差

（a）

（b）

图 1-12 开放式办公空间（戴文）
（a）示意一；（b）示意二

（3）景观办公空间。高强度的工作与激烈的市场竞争，让"人与自然"和谐共处的景观办公空间尤其受到当代白领的喜爱（图 1-13）。景观办公空间运用景观设计原理，改善办公空间的生态环境，在办公空间放置各类绿色植物，柔化办公环境，丰富界面造型与色彩，消除界面的生硬感，使办公空间生机蓬勃。根据相关研究表明，生意盎然的绿色植物可以大大减轻员工的疲劳感，激发乐观向上的工作积极性，工作效率也得到很大的提高。

3. 按管理使用类型分类

办公空间按管理使用类型分类，可分为单位或机构专用、开发商建设后管理出租、智能型和高科技的专业办公空间等类别。

4. 按办公模式分类

办公空间按办公模式分类，可分为阶梯式办公模式、环形式办公模式、综合式办公模式等。

5. 按使用功能分类

办公空间按使用功能分类，可分为办公用房、公共用房、服务用房、附属设施用房四大类，具体的功能可以分为门厅（图 1-14）、接待室、高级主管人员办公室、管理人员办公室、会议室、普通员工办公区、设备与资料室、通道等，后续会详细说明这部分内容。

办公空间按业务
性质分类

图 1-13　人与自然相融合的办公空间　　　图 1-14　办公空间门厅设计（学生习作　高天馨）

1.4.3　SOHO 办公空间设计要点

1. 了解 SOHO 办公

社会和科技的飞速发展，使整个办公空间的空间功能和空间结构发生剧烈变化，各种新型的办公空间应运而生，SOHO 办公是一种全新的概念，是信息网络快速发展、经济全球化的产物。

（1）SOHO 的定义。"SOHO"即"Small Office Home Office"的缩写，可译为"小型办公，居家办公"，狭义上是指小型创业公司和自由职业者的居家办公室，广义上泛指个人或企业的一种自由、灵活、弹性而新型的工作方式。"SOHO"一词为时尚用词，其另一个含义是指那些专门给自由职业者设计的商住两用的楼盘。

SOHO 办公是年轻人喜爱的一种弹性、自由而时尚的新型工作方式。它迎合社会的发展与年轻人的需求，抓住现代人的生活特点，应运而生。与传统办公空间不同，"SOHO"把工作场所与个人生活场所结合在一起，SOHO 族按照自己的时间和工作习惯，自由地选择工作时间与工作场所。图 1-15 所示为某 SOHO 办公空间多功能会客区（茶室、办公区）。

（a）　　　　　　　　　　　　　　　（b）

图 1-15　某 SOHO 办公空间多功能会客区（茶室、办公区）

（a）示意一；（b）示意二

（2）SOHO 的兴起与发展。

1）SOHO 的起源。SOHO 最早开始于纽约郊区一个叫 South Houston 小镇，当地聚集了众多的艺术家，他们通常在家利用计算机和互联网开展对外联系及工作，SOHO 就这样被叫了起来。

SOHO 代表着一种灵活自由的新型工作方式。SOHO 族更趋向于工作与生活一体化的生活理念，需要充满生机和艺术气息的工作、生活氛围。在早期，SOHO 主要强调的是"Small Office"，是指善用计算机或网络资源开展设计、艺术、咨询、IT 等小型初创公司。随着 SOHO 的发展，其内涵更加趋向于一种生活方式和生活理念。

2）SOHO 在国内外的发展。办公自动化、互联网科技发展、社会分工细化，国际上每年的 SOHO 族人数呈现出不断快速增加的趋势，使 SOHO 这种灵活、时尚的工作方式，成为一种新型的世界性办公趋势。在我国，由于中小企业的迅速崛起，使"小型办公，居家办公"这种灵活的办公模式应用得越来越多。

（3）SOHO 族的类型。SOHO 的产生本就是网络发展的产物，现在成为中青年人所普遍接受的一种自由、弹性的工作方式。SOHO 族的类型主要有小型创业公司、个人工作室、自由工作者等工作方式，都可以称为 SOHO 族。

SOHO 族既有某领域专职人员，也有兼职工作的人员，适合基于网络平台的计算机、信息制造加工、设计传播类等各类工作。SOHO 人群的分类方法有很多种，这些分类各有区别，也存在交叉，为了更好地厘清 SOHO 人群的分类，主要从以下几类来区分（图 1-16）：

1）从经营方式上可分为网上打工族与网上老板族两类。

2）从工作方式上可分为自雇 SOHO、创业 SOHO、兼差 SOHO、在职 SOHO 四类。

3）从职业上可分为设计类、写作类、培训类、服务类等。

SOHO 还比较适合信息制造、加工、传播等各类工作，如软件开发、网站开发、多媒体创作、编辑、撰稿、翻译、咨询等工作；以及艺术设计、绘画创作、音乐、广告等艺术领域；还可以适用于任何在家中独立完成或通过网络与他人协同完成的任何工作。

4）从服务类型可分为直接性服务和非直接性服务。

①直接性服务，需要在家接待客户，洽谈业务，如婚庆类、设计创意类。

②非直接性服务，不需要在家接待客户的 SOHO 族，如 IT 类、电子商务类、写作类。

SOHO 居家办公的类型

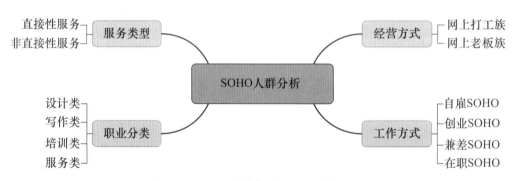

图 1-16　SOHO 办公空间主要使用人群分析

2. SOHO 办公的主要功能分析

SOHO 办公的主要功能体现在两个方面：一方面是办公功能；另一方面是居住功能。

一套完整的 SOHO 空间，需要满足起居、睡眠、工作、学习、餐饮、洗漱、储藏等功能（图 1-17）。根据这些功能空间的开放程度，大致可以分为"公共办公区"与"私密居住区"，见表 1-6。

（1）"公共办公区"功能主要有公共办公区、独立办公室、会客洽谈区、会议讨论区、休闲区、餐厨空间。

（2）"私密居住区"功能有睡眠区、洗漱区及储藏空间。

从活动特点上可以分为"动区""静区"。公共办公区是人们活动频繁的区域，属于"动区"范围；私密居住区属于"静区"范围。动静分区依据使用人数、私密性及使用功能来分区；在平面上进行功能分区时，"动区"与"静区"要合理处理，尽量做到互相不干扰。

图 1-17　某 SOHO 办公空间主要功能区

SOHO 居家办公空间
设计案例

表 1-6　SOHO 办公的主要功能分析

总分区	具体功能区	功能要求
公共办公区	公共办公区	公共办公区是指以工作、学习区为核心的办公区域，根据人员数量合理布置，通常采用不分隔的开放式布局，以适合较大的灵活度和自由的工作方式
	独立办公室	独立办公室是指为业主设置的私人的办公空间，独立办公室具有私密性强、不被干扰的优点
	会客洽谈区	会客洽谈区可以在入口靠近办公区域，也可以与休闲区功能重叠，设计在同一个区域
	会议讨论区	会议区与会客洽谈区可以重叠，主要用于接待客户与团队成员开会、讨论业务进展与工作进度
	休闲区	休闲区域可以兼作客厅与讨论区，它是办公与生活两个空间的功能重叠
	餐厨空间	厨房一般为面积较小的开放式厨房，或餐厨一体化设计，餐厅与会议、办公功能重叠
私密居住区	睡眠区	SOHO 空间的卧室一般位于走道尽头或在多层的二楼区域，为私密性较高的生活区域，也是 SOHO 居住功能的主要区域
	洗漱区	洗漱区一般是指卫生间，通常为公用卫生间，如果有足够的面积，可以在主卧设置一个私人卫生间
	储藏空间	储藏空间可以是一些柜体，也可以是较小的房间，一般为业主居住生活所用，靠近卧室区域

3. SOHO 办公空间的设计原则

一个完整的 SOHO 办公空间一般包含办公区与居住区两大区域。要想有效地协调各个区域之间的关系，需要遵循以下原则：

（1）满足功能性设计。SOHO 办公空间在功能方面首先要满足"居住"和"办公"的基本功能，对工作学习空间、餐厨空间、洗漱空间、休闲空间及储藏空间进行合理布局，满足接待客户、交流和休闲空间需求。其设计原则是室内交通流线合理，空间功能丰富和灵活变通。同时具备上网、读书、健身和处理文件的功能，结合可移动家具，以供人们随时随地地工作和学习（图 1-18）。

（a）　　　　　　　　　　　　　　　（b）

（c）　　　　　　　　　　　　　　　（d）

图 1-18　某 SOHO 办公空间
（a）开放式工作区域；（b）餐厨空间；（c）接待区与私人办公区；（d）生活休息空间卧室

（2）注重个性化设计。SOHO 族年轻人希望通过确立空间环境的自主权来追求理想化的工作与居住空间环境。在办公空间设计上打破传统的、死板的空间格局，崇尚创意、独特的设计元素。喜欢时尚、明亮及无边界的办公场所，以满足他们轻松自由、无拘无束的个性。SOHO 居家办公空间的主要功能为办公，但是不能脱离居住功能，因此，应对 SOHO 族的工作性质与工作习惯有针对性地进行具体分析，考虑其个性化设计需求。

（3）体现人性化设计。SOHO 族比较注重自己的行为习惯、工作方式及生活习惯，SOHO 族的职业特点、工作模式、工作习惯、生活习惯、家庭结构等各不相同，其对办公环境、生活环境的需求也截然不同。应从以人为本的设计角度出发，以满足 SOHO 族的生理和心理需求。例如，造型特别的办公家具，舒适、健康、安全的空间环境，能最大限度满足办公、生活的便利性（图 1-19）。

很多年轻人都渴望成为城市的 SOHO 族，开始自己的创业梦想。图 1-20 所示的案例是一家科技企业的办公空间，设计上利用交错纵横的线条将空间分割成不同的功能区域，形成开放、灵活的办公区。年轻人的世界充满缤纷、潮流、绚丽的色彩，有着独特的审美视角。经理办公室选择橙色与蓝色两种色彩的强烈对比，彰显年轻人的时尚美学（图 1-20）。

图 1-19　自然风格的 SOHO 办公空间（学生习作　黄情浓）　　　图 1-20　具有时尚美学的办公空间

（4）考虑灵活性设计。SOHO 办公空间的总面积一般不大，考虑到空间的自由度和开放性，通常采用开敞式布局，通过减少隔墙来模糊共享空间的边界，除卫生间和卧室外，其他空间可以对隔墙灵活处理。采用推拉式移门等活动的分隔，模糊办公与家居的边界，功能叠加。SOHO 办公空间还可以创新性地拓展空间的边界，如将室外的景色引进室内，将室内空间延伸到庭院、阳台等空间。

4. SOHO 办公空间设计策略

SOHO 办公空间的功能布局、空间组合、区域划分等诸多问题需要设计师深入研究。下面来共同探讨 SOHO 办公空间的设计策略。

（1）功能叠加。SOHO 族的主要行为有工作、会客、会议、睡眠、工作、就餐、家务、交通等方面，需要对休闲区、卧室、工作区、睡眠区、餐饮区、洗漱区等功能空间进行高效、便捷、有序的组织。考虑 SOHO 族办公时间较长，需要满足生活与办公、社交等多重功能，考虑空间兼容性，探索功能空间的叠加，在狭小的室内空间中创造出众多的生活、工作功能（图 1-21）。

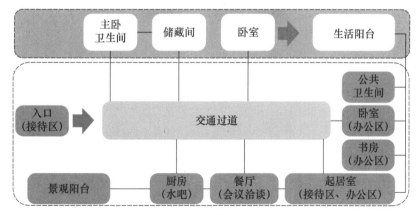

图 1-21　SOHO 办公空间关系图

（2）分隔灵活。

1）弹性分割。SOHO 办公空间的分割更具弹性与灵活，家具及办公设备小型便携。在空间分割上允许内部空间自由分隔及互借，利用局部分割、意象分割、模糊分割等形式，形成灵活的、可分可合的空间。除承重墙及厨房、卫生间等区域外，其他都可以采用灵活的隔断形式，用透光材料及轻质材料分隔，还可以采用隐藏式设计，用隔声推拉门代替平开门。

2）家具灵巧。SOHO 办公空间的办公家具外形小巧，功能灵活多变，可移动、多功能、可调节变化，家具的组合排列紧凑，强调空间活动的灵活性及使用率（图 1-22、图 1-23）。

 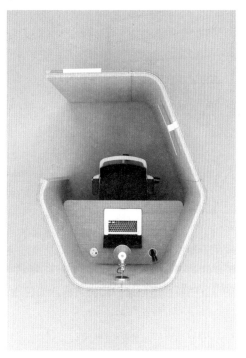

图 1-22　节约空间的紧凑设计　　　　　　图 1-23　灵活组合的办公家具

（3）空间模糊。对 SOHO 族来说，长时间生活、工作在一个较小的固定空间，会比较压抑。所以，减少固定的家具与隔墙构造，采用空间的弹性设计，模糊功能边界，对功能区不做明确的限定，加强生活区和办公区的融合，或采用功能复合设计，扩大空间感受，有利于通风和采光，便于人员之间的交流，也可节省室内交通的面积。

（4）高效动线。动线是指人在空间环境中移动的点连接起来成为交通动线。对 SOHO 族来说，他们每天活动在较为狭小的空间，这类小空间适合采用集中、简单的动线来提高工作效率和空间使用率，避免不必要的交通流线交叉。也可以利用弧墙来引导交通流线，让空间活泼、流畅。因此，公共空间设计成为统一、流动、灵活的大空间形式是很明智的选择，这样可以复合使用交通流线。

（5）环境简洁。SOHO 是将办公空间那种简洁、利落、有秩序的优点借鉴到家中，让工作者可以在轻松、愉悦的氛围中工作。视觉简化、功能便捷是 SOHO 办公空间的特点。

根据调研，50% 的 SOHO 族喜欢简单的麻灰色、米黄色等中性暖色，原木色、白色的家具，这类干净、轻快的原木色、中性色使人感觉舒适、平静（图 1-24）；适当配置高低起伏的绿色植物陈设，柔化空间气氛，营造具有节奏感的界面关系（图 1-25）。还可以搭配时尚立体的墙面造型，使办公空间不再枯燥乏味（图 1-26）。

（6）采光丰富。光环境是营造室内空间环境的重要组成部分，一直是设计师比较重视的设计元素。可以通过灯光的色彩和亮度来渲染空间气氛。SOHO 族更喜欢用丰富的灯光效果营造一种自由的办公环境，以激发他们的创意灵感。SOHO 办公空间的面积一般较小，还需要用宽大的窗户将自然光引进室内，使空间显得更加敞亮。

图 1-24 某 SOHO 办公室设计　　图 1-25 某 SOHO 办公室陈设　　图 1-26 阅读区墙面陈设

（学生习作　杨蒙）

总结：通过对 SOHO 族的人群分析、功能分析、空间特征及生活、工作习惯等诸多的方面展开研究，通过学习 SOHO 办公空间的设计原则，提出 SOHO 办公空间的设计策略。

1.5 案例分析

案例1：

项目名称：某 SOHO 办公空间（学生习作　高天馨）

主要材料：大理石、玻璃、木饰面

建筑面积：160 m²

互联网让在家办公成为一种可能，一些 SOHO 族每天在家中完成工作，联系客户，利用自己的一技之长开始在网上提供信息和咨询服务。设计团队使用绿植、地毯、棉麻制品和吊坠照明，创造了一个自然、舒适且灵活的开放式办公空间，主要功能包括前台接待区、开放式办公区、独立办公室、接待讨论区、休息室、卫生间、厨房和一间卧室（图 1-27）。

（a）　　　　　　　　　　　　　　　　（b）

图 1-27 某 SOHO 办公空间（学生习作　高天馨）

（a）示意一；（b）示意二

（c） （d）

图 1-27 SOHO办公空间（学生习作 高天馨）（续）

（c）示意三；（d）示意四

案例2：

项目名称： 设计工作室（学生习作 陈诗雨）

主要材料： 实木地板、防水乳胶漆、防水桦木板、玻璃

项目面积： 130 m²

设计思路： 本项目为 130 m² 的办公空间，设计师想表达一种动中取静、张弛有度的工作与生活方式，希望在这快节奏的时代，边工作边享受慢生活。希望给予员工一个自由、开放的办公空间，给顾客呈现一个充满温情惬意，又有趣味性的环境。

休息区的设计，增加相对私密性，放缓了空间的节奏感，里面的人将视线延伸至窗外风景，也将窗外的采光引入室内。入口右侧是由原卫生间改造的空间，利用防水原木板，以各种简单的造型形式设计，为员工提供了一个良好的休闲工作空间（图 1-28）。

（a） （b）

图 1-28 设计工作室办公区

（a）示意一；（b）示意二

（c）

图 1-28　设计工作室办公区（续）

（c）示意三

1.6　项目合作探究

1.6.1　工作任务描述

SOHO 办公空间工作任务描述见表 1-7。

表 1-7　SOHO 办公空间工作任务描述

任务编号	XM2-1	建议学时	本项目共 12 学时，理论 6 学时，实训 6 学时
实训地点	校内实训室 / 设计工作室	项目来源	企业项目
任务导入			本项目是为一位自创数字媒体企业的业主设计一处时尚的 SOHO 办公空间，设计风格简洁、时尚，空间设计要有创新性、灵活性。本项目需要完成绘制平面方案优化设计图、办公空间手绘草图、手绘效果图等
任务要求			任务实施方法： 调查研究法、案例分析法、比较分析法、讨论法、任务驱动法、角色扮演法、项目演练、线上线下混合式教学、翻转课堂等 任务实施目标： 本项目主要任务是完成 SOHO 办公空间设计的构思与概念草图设计。首先分析设计项目任务书，明确任务目标与具体任务；其次展开调研，明确委托方的设计要求；最后利用 SOHO 办公空间的设计手法对各功能空间进行创意设计。详细任务见下面 SOHO 办公空间任务书二维码 任务成果： 1. 手绘 SOHO 办公空间设计草图。 2. 手绘效果图，马克笔、水彩笔、彩色铅笔等表现形式不限。 3. 设计方案概念方案汇报 PPT。 4. 填写各类项目实训过程表格

续表

课堂以知识点强化、讨论交流、案例分析、技能训练、辅导点评为主。由于课时有限,建议充分利用课前、课中、课后时间共同完成项目任务

	工作领域	工作任务	项目任务 / 相关资源	建议课内课时
任务实施流程	工作领域 1：接受设计任务	任务 1-1-1 项目解读，任务分解	SOHO 办公空间项目任务书	1.5 学时
		任务 1-1-2 任务分配，客户沟通		
		任务 1-1-3 流程再造，计划制订		
	工作领域 2：设计前期准备	任务 1-2-1 现场勘查，量房实施		4 学时
		任务 1-2-2 需求调研，报告撰写		
		任务 1-2-3 项目分析，客户调研		
	工作领域 3：概念方案设计	任务 1-3-1 需求分析，设计定位	SOHO 办公空间项目实训指导书	5 学时
		任务 1-3-2 概念设计，方案绘制		
	工作领域 4：概念方案成果展示	任务 1-4-1 汇报准备，报告编写		1.5 学时
		任务 1-4-2 方案汇报，作品展示		
		任务 1-4-3 项目总结，教师点评		

1.6.2　项目任务实施

工作领域 1：接受设计任务

1. 任务思考

课前通过互联网收集相关资料，自修教材中 SOHO 办公空间知识点的教学课件及视频资源，思考以下问题：

引导问题 1：分析项目任务书，谈一谈业主李某想要的是什么样的 SOHO 办公空间，在下面整理分析客户的设计要求。

_____

_____

_____

引导问题 2：课前研读设计任务书，了解办公空间设计的工作流程及具体要求，写在下面：

步骤 1：_____

_____

步骤 2：_____

_____

步骤 3:＿＿＿＿＿＿＿＿＿＿＿＿＿＿＿＿＿＿＿＿＿＿＿＿＿＿＿＿＿＿
＿＿＿＿＿＿＿＿＿＿＿＿＿＿＿＿＿＿＿＿＿＿＿＿＿＿＿＿＿＿＿＿＿＿＿
＿＿＿＿＿＿＿＿＿＿＿＿＿＿＿＿＿＿＿＿＿＿＿＿＿＿＿＿＿＿＿＿＿＿＿

步骤 4:＿＿＿＿＿＿＿＿＿＿＿＿＿＿＿＿＿＿＿＿＿＿＿＿＿＿＿＿＿＿
＿＿＿＿＿＿＿＿＿＿＿＿＿＿＿＿＿＿＿＿＿＿＿＿＿＿＿＿＿＿＿＿＿＿＿
＿＿＿＿＿＿＿＿＿＿＿＿＿＿＿＿＿＿＿＿＿＿＿＿＿＿＿＿＿＿＿＿＿＿＿

职场直通车

　　室内设计是根据客户的需求，依据建筑物的使用性质、所处位置和相应安全措施，运用技术手段和室内设计美学原理，打造一个功能合理、舒适优美、能满足客户物质和精神生活需要的室内环境。中国装饰设计协会对室内设计师提出职业道德规范及行业要求。

设计人员职业规范
参考

2. 任务实施过程

"工作领域 1：接受设计任务"工作任务实施见表 1-8。

表 1-8　"工作领域 1：接受设计任务"工作任务实施

工作领域	工作任务	任务要求	工作流程	活动记录 / 任务成果
工作领域 1：接受设计任务	任务 1-1-1 项目解读，任务分解	1. 分析 SOHO 办公空间项目任务书，明确本项目的设计要求，具体的工作任务。 2. 分解任务书要求，查找相关项目资料	步骤 1：项目设计任务解读。 步骤 2：项目设计任务分解。 步骤 3：填写 R-1 表	1. R-1：项目实训任务清单。 2. 讨论记录
	任务 1-1-2 任务分配，客户沟通	1. 制定合理的团队成员工作任务分配。 2. 分组角色扮演客户与设计师，沟通技巧演练	步骤 1：团队成员工作任务分配。 步骤 2：填写 R-2 表。 步骤 3：角色扮演，客户沟通演练	任务工作单 R-2：项目团队任务分配表
	任务 1-1-3 流程再造，计划制订	1. 能根据项目工作任务，制订详细的工作计划。 2. 做好实施过程记录	步骤 1：了解工作流程。 步骤 2：制订工作计划。 步骤 3：自主学习知识点。 步骤 4：填写 R-3、R-4 表	1. 任务工作单 R-3：项目实施工作计划方案。 2. 任务工作单 R-4：工作过程记录表。 3. 讨论记录

3. 任务指导

（1）充分了解客户设计要求，仔细分析 SOHO 办公空间项目任务书，根据项目任务书要求分解设计任务，拟定设计工作计划表。

（2）了解 SOHO 办公空间工程性质、实际面积、使用特点、客户的设计意图、功能分区、设计要求、客户的审美倾向、装修风格、装修标准等内容，可列表分析。

（3）实训时小组团队协作，互相讨论，可以通过角色扮演来完成客户沟通，强化设计师沟通能力。

4. 任务实施评价

根据任务完成情况，学生自评、小组成员之间互评，填写工作过程评价表 P-1、表 P-2，由组长最后填写小组内成员互评表（见二维码"项目各类评价表"）。

5. 知识拓展与课后实训

课后通过网络查找资料，调查现代办公空间的主要类型，思考哪几种类型的办公空间更符合现代人的办公需求，并在下面写下你的看法。

_____

_____

_____

_____

_____

_____

_____

工作领域 2：设计前期准备

1. 任务思考

课前收集 SOHO 办公空间的资料，回答以下问题：

引导问题 1：SOHO 办公空间有哪些主要功能？

_____

_____

_____

_____

引导问题 2：SOHO 办公空间设计策略有哪些？

_____

_____

_____

_____

小组讨论：SOHO 办公空间设计原则有哪些？

_____

_____

_____

素养提升

　　衙门是我国古代官员的办公场所，官员在衙门中处理公务。在我国的古代衙门的照壁或墙面上，往往会有一幅"戒贪图"，图中有一个形似麒麟的怪兽。图 1-29 就是河南省南阳市内乡保留的古代县衙照壁上的戒贪图（图 1-29），大家知道这个图案的来源以及放在衙门照壁上的用意吗？

古代衙门的
"戒贪图"由来

图 1-29　河南省南阳市内乡古代县衙照壁中的"戒贪图"

　　分组讨论：课前各组通过网络调研，了解古代衙门"戒贪图"，找一找类似的图形出现的场所。课中每组派代表谈谈调研情况及这幅图案的含义，思考这幅图出现在衙门重要墙面的作用与意义。

2. 任务实施过程

　　"工作领域 2：设计前期准备"工作任务实施见表 1-9。

表 1-9　"工作领域 2：设计前期准备"工作任务实施

工作领域	工作任务	任务要求	工作流程	活动记录 / 任务成果
工作领域 2：设计前期准备	任务 1-2-1 现场勘查，量房实施 原始建筑平面图	1. 课前自修本项目教材中知识点。 2. 学习室内空间测绘方法；了解施工现场勘查内容，掌握勘查要点，确保数据准确、齐全。 3. 到现场复核业主提供的原始建筑平面图（现场测绘根据实际情况选做）	步骤 1：量房准备工作。 步骤 2：勘查装修现场。 步骤 3：量房实施。 步骤 4：复核原始建筑平面图（选做）	1. 讨论记录。 2. 建筑测量草图。 3. 复核后的原始建筑平面图（选做）

续表

工作领域	工作任务	任务要求	工作流程	活动记录 / 任务成果
工作领域 2：设计 前期准备	任务 1-2-2 需求 调研，报告撰写 调研报告模板	1. 掌握资料分类方法与 网络检索方法。 2. 调研 SOHO 办公空 间相关设计资料；收集、 分析优秀的 SOHO 办公空 间案例，展开案例分析。 3. 收集建筑室内设计相 关设计规范、设计资料、 素材备用。 4. 通过网络检索，针对 SOHO 办公空间设计案例 进行分析，形成调研报 告，报告模板见二维码	步骤 1：收集或调研 资料。 步骤 2：收集设计规 范、设计资料及素材。 步骤 3：撰写 SOHO 办公空间设计案例分析 报告	1.SOHO 办公空 间设计案例分析 报告。 2. 项目设计资料 及设计规范。 3. 讨论记录
	任务 1-2-3 项目 分析，客户调研	1. 掌握客户沟通和表达 方法。 2. 通过客户需求沟 通，了解客户真实的设计 需求。 3. 思考 SOHO 办公空 间设计中需要解决的主要 问题，用思维导图来设计 分析（图 1-30）	步骤 1：学习客户沟 通技巧。 步骤 2：了解客户 需求。 步骤 3：填写 R-5 表	1.R-5：装修需 求调查表。 2. 项目分析思维 导图。 3. 讨论记录

3. 任务指导

任务 1：通过多渠道了解客户真实设计需求；提出设计中需要解决的主要问题，并给出解决问题的相应对策。锻炼设计师在工作中解决问题的能力。

问题 1：为谁设计？居住人数是多少？办公人数是多少？

_____

_____

_____

问题 2：客户需要哪些功能？

_____

_____

_____

问题 3：具体的设计定位是什么？

_____

_____

问题 4：设计中的主要问题有哪些？如何解决这些问题？

_____

_____

任务 2：学习用思维导图梳理设计所涉及的问题，参考图 1-30 所示办公室设计要点分析的思维导图。

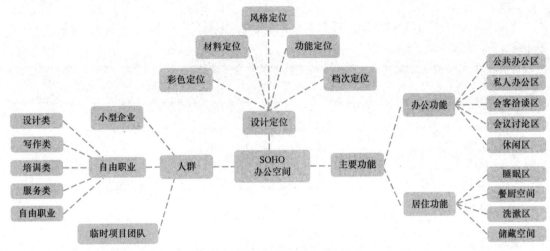

图 1-30　SOHO 办公室设计要点分析图例

4. 任务实施评价

根据任务完成情况，学生自评、小组成员之间互评，填写工作过程评价表 P-1、表 P-2，由组长最后填写小组内成员互评表。

5. 知识拓展与课后实训

（1）课后拓展学习勘查及量房要点，观看企业设计师现场量房视频，熟悉空间测绘要求，装修现场量房如果不具备条件，可以由老师组织在校内场地实施量房实训（课后完成）。

问题 1：课后观看企业设计师量房教学视频，了解现场量房主要步骤与测绘要点。

问题 2：通过学习量房要点，在下面写出量房步骤及装修现场的勘查要点。

步骤 1：_____

_____

步骤 2：_____

_____

步骤 3：_____

_____

步骤 4：_____

_____

（2）课后拓展学习勘查及量房实训。课后由教师联系企业工地或在校内实训室，带学生到拟装修的办公空间现场进行实地勘查量房。将实地勘查的情况进行客观详细的记录，测绘拟装修场地的原始建筑结构与尺寸，复核原始建筑平面图的尺寸（选做）。

工作领域 3：概念方案设计

1. 任务思考

引导问题 1：简要阐述本项目的设计理念。

_____

_____

引导问题 2：根据前期客户沟通，了解客户装修需求，确立本项目设计理念与风格定位，请学生分小组讨论，并回答以下问题：

本项目的 SOHO 办公空间设计，你们准备选择哪种风格来设计？

_____

_____

选择此风格的理由是：_____

_____

此风格主要特征：_____

_____

引导问题 3：本项目确定的主色调与辅助色有哪些？

_____

_____

引导问题 4：写下本项目的主要装修材料：_____

_____

素 养 提 升

　　课后通过网络调研与装饰市场、家具市场的考察，了解我国建筑、装修、设计方面的"中国智造"与"中国智慧"产品，智能化办公空间装饰材料与办公家具。收集中国制造的新材料与智能化办公设备及智能家具的资料，作为后续方案设计内容的参考。

　　主题讨论：设计师如何做好"制造强国、质量强国、数字中国"的责任担当？

　　讨论我国建筑、装修、设计方面的"中国智造"与"中国智慧"产品，我国自主品牌的办公设备及智能化产品。讨论作为未来的设计师，在工作岗位上如何支持国家制造业、国有品牌及智能化产品的发展，为我国成为制造强国、质量强国、数字中国做出自己的贡献。

中国办公家具
品牌

中国智能办公家具
品牌

2. 任务实施过程

"工作领域 3：概念方案设计"工作任务实施见表 1-10。

表 1-10　"工作领域 3：概念方案设计"工作任务实施

工作领域	工作任务	任务要求	工作流程	活动记录 / 任务成果
工作领域 3：概念方案设计	任务 1-3-1 需求分析，设计定位	1. 列表分析客户对装修的要求，作为设计定位、设计创意、设计构思的主要依据。 2. 对设计方案做初步设计定位，确立设计风格	步骤 1：填写客户设计需求表。 步骤 2：填写 R-6 装修需求分析表。 步骤 3：设计定位分析。 步骤 4：确定方案设计风格	1.R-6：装修需求分析表。 2. 绘制方案设计思维导图。 3. 讨论记录
	任务 1-3-2 概念设计，方案绘制	1. 办公空间功能布局分析。 2. 分析 SOHO 办公空间主要功能布局及交通流线设计，对平面进行方案优化。 3. 选择装饰材料（环保材料、本土材料、国产品牌材料）。 4. 完成设计过程分析草图、透视草图、手绘效果图（绘图工具不限）。 5. 材料、家具、陈设配置。 6. 表述方案设计创意、设计过程的设计方案说明，500 字左右	步骤 1：填写表 1-11 SOHO 办公空间功能分析表，用思维导图或列表。 步骤 2：平面草图绘制，2 个平面优化设计；顶棚设计、彩色平面图绘制。 步骤 3：方案草图绘制，手绘效果图设计绘制。 步骤 4：陈设概念方案设计。 步骤 5：设计说明撰写	1. 表 1-11SOHO 办公空间功能分析表。 2. 平面草图与平面优化方案、彩色平面图。 3. 顶棚图。 4. 过程分析草图。 5. 手绘透视效果图。 6. 家具、材料与陈设概念图。 7. 讨论记录

3. 任务指导

（1）办公空间平面规划时，要把使用功能、面积大小、员工人数做列表分析，整理出本项目的主要功能分配，填写表 1-11。

表 1-11　SOHO 办公空间功能分析表

区域			主要功能区	具体位置
工作区	导入区域			
	公共区域	休闲区		
		会议室		
	工作区域	开放式办公区		
		独立办公区		
生活居住区	交通区域			
	附属区域			
	居住区域			

平面方案设计过程图
参考图例

（2）绘制气泡图来分析空间中各区域的关系（图 1-31、图 1-32），完成 SOHO 办公空间功能分析草图、平面草图、优化平面方案，绘制完整的平面方案图，要有材料、尺寸和相关的设计注释。图纸参考二维码"平面方案设计过程图参考图例"。

> **职场直通车**
>
> 　　气泡图并不表现真实的平面布局，只是简单的空间互动衔接与交通关系。气泡图是室内设计师在思考空间布局及位置时，潦草地绘制气泡、圆圈或者框框，并用箭头相连。
>
> 　　（1）气泡代表空间的功能分区、具体位置，气泡大小表示各功能区的面积大小，大的气泡代表较大的面积。
>
> 　　（2）气泡图用于分析相邻功能区之间关系的合理性，气泡与气泡之间的相邻位置与远近表示其功能区域的远近关系。
>
> 　　（3）相连的箭头表达功能之间的互动、衔接关系及交通走向。

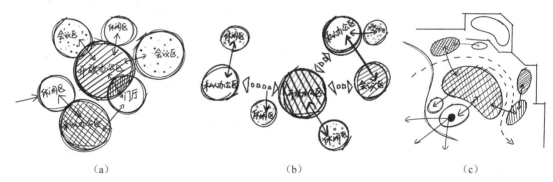

（a）　　　　　　　　　　　（b）　　　　　　　　　　　（c）

图 1-31　功能、交通分析图（气泡图）

（a）示意一；（b）示意二；（c）示意三

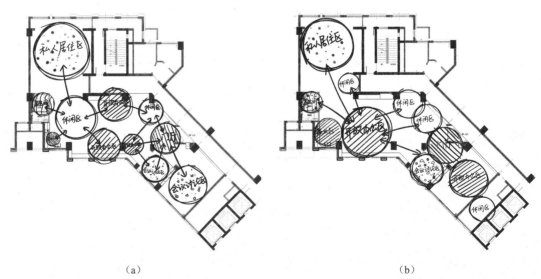

（a）　　　　　　　　　　　　　　　　（b）

图 1-32　平面布局功能分析草图（学生习作　周欣慧）

（a）示意一；（b）示意二

（3）彩色平面图（图 1-33）、立面设计图、透视方案草图（图 1-34）、手绘效果图等图纸设计参考二维码"概念方案设计参考图例"。

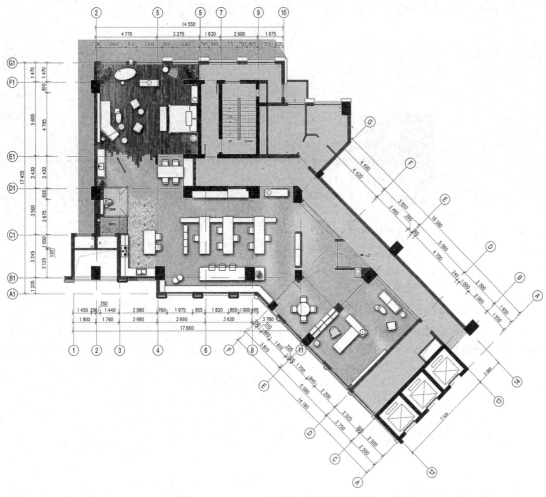

图 1-33 SOHO办公空间平面图图例

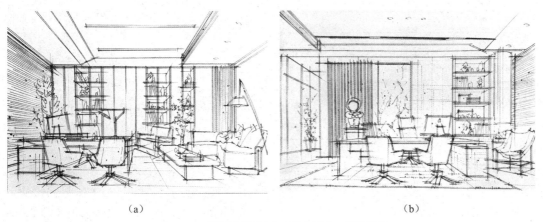

（a）   （b）

图 1-34 透视方案草图（学生习作 高天馨）

（a）示意一；（b）示意二

4. 任务实施评价

根据任务完成情况，学生自评、小组成员之间互评，填写工作过程评价表 P-1、表 P-2，由组长最后填写小组内成员互评表。

5. 知识拓展与课后实训

（1）课后延伸学习建筑制图等规范标准，熟悉 CAD 软件操作，熟悉制图标准要求。

（2）课后完成以下拓展实训任务：

任务 1：课后绘制平面家具尺寸图、顶棚平面图、功能分区图、交通流线图等图纸。

任务 2：课后绘制 SOHO 办公空间手绘主体空间效果图、陈设概念方案等，参考二维码"概念方案设计参考图例"。

工作领域 4：概念方案成果展示

1. 任务思考

课前学习设计说明要求及内容，完成以下问题：

引导问题 1：在下面写下本项目简要设计说明，内容包括主要经济技术指标、设计构思说明、设计主题及设计特点等，500 字左右。

_____

_____

_____

_____

引导问题 2：整理设计汇报文件，在下面写下设计汇报的主要内容。

_____

_____

_____

引导问题 3：总结项目设计，思考自己在 SOHO 办公空间的设计过程中存在哪些困难与问题，是如何解决这些问题的。

_____

_____

_____

调查研究

　　近几年，我国在高科技制造业方面有了较大的发展。通过网络检索，了解办公智能化方面的产品、办公设备及家具智能化方面科技的发展现状。撰写 1 000 字以上的《办公空间的智能化设计》调研报告。

2. 任务实施过程

"工作领域 4：概念方案成果展示"工作任务实施见表 1-12。

表 1-12　"工作领域 4：概念方案成果展示"工作任务实施

工作领域	工作任务	任务要求	工作流程	活动记录 / 任务成果
工作领域4：概念方案成果展示	任务 1-4-1 汇报准备，报告编写	1. 准备项目设计成果等汇报资料。 2. 编排 SOHO 办公空间设计方案 PPT。 3. 分享设计成果，通过分组讨论，互相提出修改意见。 4. 完善设计方案	步骤 1：项目汇报资料准备。 步骤 2：制作汇报 PPT。 步骤 3：分享设计成果。 步骤 4：修改设计方案	1. 设计方案图纸。 2. 汇报 PPT。 3. 讨论记录
	任务 1-4-2 方案汇报，作品展示	每组对自己的设计成果进行汇报，重点突出，详略得当	进行项目汇报	1. 项目汇报 PPT。 2. 讨论记录
	任务 1-4-3 项目总结，教师点评	1. 学生完成设计团队项目总结，撰写设计项目总结。 2. 师生互动，教师点评	步骤 1：设计团队项目总结。 步骤 2：教师及企业专家评价与总结	1. 项目总结报告。 2. 讨论记录

3. 任务指导

　　（1）概念设计方案汇报 PPT 内容包括项目分析、客户分析、项目设计定位、设计说明、设计图纸（平面方案优化设计图、彩色平面图、办公室设计草图、手绘效果图、家具和软装等概念图、主要装修材料图等）。

　　（2）用 PPT 汇报 SOHO 办公空间概念设计方案，阐述设计思维。要求每个团队时间控制在 5~8 min，设计流程介绍完整，简短明确，讲述的设计思路要清晰、有逻辑性。介绍要主次分明，设计特色与亮点要重点突出，不重要的内容一带而过。

4. 任务实施评价

　　根据任务完成情况，小组成员之间互评，填写工作过程评价表 P-1、表 P-2，由组长最后填写小组内成员互评表。

5. 知识拓展与课后实训

　　（1）课后拓展学习，上网收集关于办公智能化设计及智能化办公家具材料，收集相关资料应用于设计中。

　　（2）选拔优秀学生作品准备室内设计大赛展板，课后用 Photoshop 等软件把设计图纸编排成

1~2 张展板，展板尺寸 600 mm×900 mm，文件格式 JPG，分辨率 300 dpi（选做）。

智能办公家具

概念方案设计汇报 PPT 参考

1.7　项目评价与总结

1.7.1　综合评价

下载"项目各类评价表"二维码中的表格，打印后填写项目评价表。

（1）小组同学对项目实施及任务完成情况进行自评、互评，填写评价表 P-3：项目综合评分表（学生）。

（2）教师及企业专家对每组项目完成情况进行评价，填写评价表 P-4：项目综合评分表（教师、企业专家）。

项目各类评价表

1.7.2　项目总结

请学生们课后撰写项目总结与思考，写出设计思路，描述项目过程与设计优点，以及在设计中遇到的问题及解决问题的方法，500 字左右。

通过这个项目的知识点学习真实设计项目的演练，使学生了解 SOHO 办公空间的设计程序，掌握 SOHO 办公空间的功能要求和设计原则，培养学生的方案表达和绘图能力，帮助学生掌握装饰材料和装饰施工技术。同时，培养学生与客户交流沟通的能力，以及团队成员共同协作、自主创新的能力。

1.8　知识巩固与技能强化

1.8.1　知识巩固

1. 单选题

（1）办公空间的平面规划要把（　　）放到第一位。

　　A. 美观　　　　　　B. 使用功能　　　　　C. 面积大小　　　　　D. 员工人数

（2）办公空间按（　　）分类，可分为行政办公空间、专业性办公空间、商业办公空间和综合性办公空间四大类。

　　A. 使用功能　　　B. 空间布局形式　　　C. 办公的模式　　　　D. 业务性质

（3）接待区一般放在办公空间（　　）位置。

　　A. 入口　　　　　　B. 最里面　　　　　　C. 靠窗　　　　　　　D. 南面

2. 判断题

（1）办公空间设计是指对功能布局、交通、空间的物理和心理分割。　　　（　　）

（2）办公空间室内设计的首要目标就是要为工作人员创造一个智能、舒适、方便、卫生、安全、高效的工作环境，以便更大限度地提高员工的工作效率。　　　（　　）

（3）办公空间的发展历史主要经历了农业社会、工业革命社会、当代、信息时代四个发展时期。

（　　）

1.8.2　技能强化

课后通过学习教材模块"项目 2　联合办公空间设计"相关知识点，提高自主探索学习的能力。思考以下问题。

问题 1：联合办公空间主要租客的行业、年龄等使用人员（租客）分析。

_____

_____

问题 2.：租客对联合办公空间环境的需求及设计对策。

_____

_____

※ 笔　记

记录本项目的设计讨论、设计构思、设计草图、设计文案、项目总结等内容。

_____

_____

_____

_____

_____

_____

_____

_____

_____

_____

_____

_____

项目2 | 联合办公空间设计

2.1　项目导入

　　本项目位于南京江北新区中央商务区的扬子江新金融创意中心内，该创意中心位于滨江大道以北，七里河以东。街区内设金融科技孵化基地和会议中心，交通便利，办公环境优美。项目位于金融科技孵化基地高层建筑的 7 楼。业主希望此联合办公空间可以为年轻的租客提供优质的资源共享、舒适高效的工作空间，营造健康、开放、互动的社区办公环境。打破普通办公区那种沉闷的、枯燥的办公氛围，空间设计不特别强调个体的归属感、领域感，体现年轻人共享、交流、合作、团队的工作理念。

2.2　项目分解

2.2.1　项目全境

　　联合办公空间设计项目思维导图如图 2-1 所示。

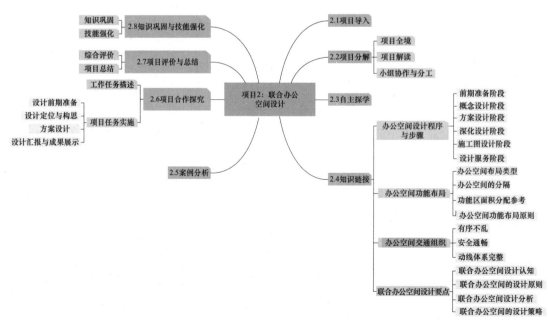

图 2-1　联合办公空间设计项目思维导图

2.2.2　项目解读

联合办公空间设计项目说明见表 2-1。

表 2-1　联合办公空间设计项目说明

概况与要求		项目说明
建筑条件		本项目位于南京高新开发区研发中心（高层建筑），层高 2.7 m。建筑面积两层共 500 m²，建筑结构为框架结构，空间开阔，可以灵活布局，现有楼梯及位置不改动 建筑原始平面图
客户要求		1. 业主对功能的要求是合理规划空间、准确定位，要求满足办公、休闲、文化交流、商务会谈、路演展示、健身等功能，弱化各功能区的界限，多一些灵活交往区域。 2. 业主希望联合办公空间具有交互性、自由度，体现社区概念，希望年轻租客在此获得更多的交流，带来融洽的人际关系、创意支撑和社区氛围。 3. 设计风格简洁、前沿时尚，符合当代年轻人的喜好与审美诉求。 4. 装修材料要环保，装修费用中档，要考虑预算成本及租客的承受能力。 5. 设计成果需要完成整个概念设计方案，具体要求见学生工作手册中的项目任务书
学习目标	知识目标	1. 了解办公空间功能布局与交通组织。 2. 掌握办公室室内界面的处理方法。 3. 掌握办公空间的形象塑造方法。 4. 了解办公空间设计流程。 5. 掌握联合办公空间的设计原则。 6. 掌握联合办公空间的设计策略
	技能目标	1. 具备资料收集、分析问题与解决问题的能力。 2. 具备对联合办公空间平面方案优化的能力。 3. 具备手绘效果图的能力。 4. 能运用联合办公空间的设计策略进行设计
	素质目标	1. 遵守国家设计规范与行业规范。 2. 具有团队合作、与人沟通的能力。 3. 具备一定的创新意识与创新能力。 4. 坚持健康、安全、环保、绿色的设计理念

2.2.3　小组协作与分工

根据异质分组原则，把学生按照 2~3 人成组，小组协作完成项目任务，在表 2-2 中填写小组成员的主要任务。

表 2-2 项目团队任务分配表

项目团队成员		特长	任务分工	指导教师	
班级				学校教师	
				企业教师	
组长	学号				
组员 姓名	学号				
	学号				
	学号				

备注说明

2.3　自主探学

课前自主学习知识点，完成以下问题自测。

引导问题 1：空间形态设计的主要造型元素有哪些？

引导问题 2：办公空间组织要点有哪些？

引导问题 3：普通办公空间的功能构成有哪些？

引导问题 4：调查联合办公空间定义及发展状况，谈谈你对这种新型的办公类型的看法。

2.4　知识链接

2.4.1　办公空间设计程序与步骤

在办公空间从设计到装修的实施过程中，设计师的主要工作流程：前期准备→概念设计→方案设计→深化设计→施工方案设计→设计服务等（图 2-2），每一个阶段，设计师都需要与客户沟通，确认设计成果，在施工实施阶段需要到施工现场设计服务，完成设计交底及施工技术指导等工作。

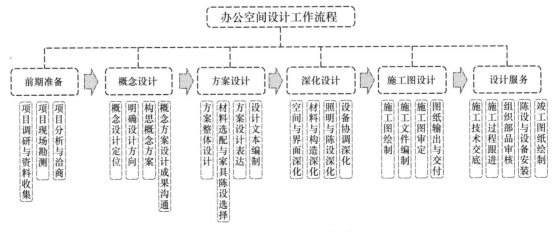

图 2-2　办公空间设计工作流程

1. 前期准备阶段

在准备阶段，设计师的主要工作有项目调研与资料收集、项目现场勘测、项目分析与洽商。

（1）项目调研与资料收集。主要工作是与客户进行装修沟通，明确设计内容与要求，了解工程性质、规模、使用特点、客户的设计意图、设计要求、客户喜欢的装修风格及企业形象设计；拟装修办公室的现有功能分区、实际面积、增加的功能需求；装修时间、装修标准、装修计划等；收集建筑装饰规范、设计标准数据、同类工程实例、设计前期材料等。拟定设计工作计划表。

（2）项目现场勘测。现场勘测，记录拟装修现场的环境情况，记录现场建筑结构（图 2-3），测绘拟装修现场具体尺寸，用 CAD 绘制原始建筑平面图。收集设计项目的各项数据和基本资料。

（3）项目分析与洽商。与客户做好沟通，做好洽商记录。对项目进行列表分析，精准分析室内设计客户群，填写客户装修需求表，编制室内装饰设计文件等。

2. 概念设计阶段

概念方案是指通过平面图、意向图、草图、效果图等阐述设计意图与设计思路，用于与客户探讨设计方向与设计思路的初步构思方案，概念方案适用于大型复杂的装修工程，或业主有概念方案需求的设计项目。概念方案设计可以分为概念设计定位、明确设计方向、构思概念方案、概念方案设计成果沟通四个步骤。

（1）概念设计定位。对拟装修办公空间设计定位，通过分析项目现场情况、客户装修需求分析，确定设计定位、办公室氛围意向（色彩、材质、格调）。

图 2-3 装修施工现场照片

办公空间设计程序
与步骤

设计定位具体包括风格定位、主题定位、设计理念定位、元素定位、色彩定位、材料定位等。

（2）明确设计方向。按项目要求和各个企业文化与企业理念来确定设计方向，结合客户需求，初步确立大的概念设计方向。

（3）构思概念方案。概念方案主要用于客户沟通，办公空间设计的初步设计构思往往是利用手绘或计算机进行，以概念方案图册的形式来表达。

1）结合设计任务书、各相关专业的要求，进行功能分区和动线规划；完成平面方案设计、主要界面设计。

2）利用手绘或计算机进行概念方案的表达，设计元素提取，用手绘草图、意向效果图、软件或图片视频资料等多种资料说明整体设计风格及室内空间概念设计。

设计元素的提取来自形、色、质三个方面。从物体的造型来提取元素是最常见，也是最容易的。通过对意向图片中色彩的提炼，形成一组色板，再把所提取的色彩应用于办公空间设计中。通过质感来提取元素相对较少，主要体现在选择材料质感时考虑材料的肌理与材质效果。下面以一个大堂的地毯为例，了解综合运用概念设计元素形与色的提取过程（图 2-4）。

步骤 1：选取竹叶为造型元素，提取中国传统绘画中的竹叶为形态；

步骤 2：选取太湖石为造型元素，提取太湖石的形态、色彩进行平面抽象化处理；

步骤 3：提取水纹的主要色彩与图形；

步骤 4：综合应用太湖石、水纹、竹叶的造型、纹样、色彩，设计成一块具有地方特色及中国传统美学的地毯。

3）考虑界面、材料、造型、色彩、灯光等细节设计，考虑家具、软装方案搭配。要求将设计风格与设计理念贯穿于办公空间概念设计之中。

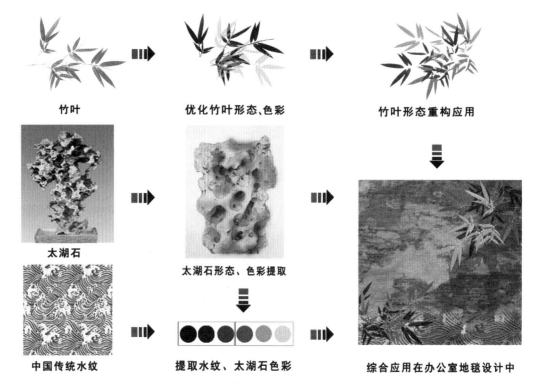

竹叶   优化竹叶形态、色彩   竹叶形态重构应用

太湖石   太湖石形态、色彩提取

中国传统水纹   提取水纹、太湖石色彩   综合应用在办公室地毯设计中

图 2-4 办公室地毯的设计元素提取与应用过程

（4）概念方案设计成果沟通。与客户汇报沟通完成的办公空间的概念方案设计成果，阐述总体设计思路、设计风格、家具、软装陈设配置及创意点。与客户达成一致的设计风格与整体创意设计方向。

3. 方案设计阶段

方案设计阶段分为以下四个步骤：

（1）方案整体设计。

1）设计团队根据设计理念延展设计元素、表达设计构思。对项目进行总体规划，确定设计风格，把控项目的整体创意设计方向。结合设计任务书开展办公空间的设计工作。

2）根据设计任务书与客户意见，进行功能分区和动线规划。根据国家设计规范，对项目进行整体创意设计，完成空间与界面初步方案草图设计。

（2）材料选配与家具陈设选择。

1）装饰主材选择。能够根据客户需求与预算额度开展主材选择，首选无害环保材料，解决项目成本控制问题，根据造价及设计效果选取相应的装修材料。对办公空间的主材合理选择。了解材料性能与价格，解决施工技术问题，制作物料样板与控制手册。

2）家具、陈设设计。选择与风格匹配的灯具与家具造型，配饰选型，家具、陈设设计特别要注意风格特征，帮助客户选择智能化产品。

（3）方案设计表达。

1）设计构思草图。草图是设计师用于表达思维方式与设计思想的一种图纸表达方式，草图绘制是办公空间设计在构思阶段的最初的设计表现，主要分为平面草图、立面草图及装修效果草图等。

2）手绘效果图表达。手绘效果图设计首先选择合适的透视方式及视角来绘制空间布局。其次是对空间感、光影关系，家具与装饰界面的质感，饰品、植物材质与色彩的表达和表现。最后表达出丰富的空间氛围。手绘效果图用于前期的客户沟通，让客户了解初步的设计方向与空间效果。

3）电脑效果图方案设计。效果图是设计概念空间的虚拟呈现，模拟最终实际装修效果的三维空间虚拟表达形式。装修电脑效果图的表现非常逼真，让客户能直观地了解装修后的最后效果，如图 2-5 ~ 图 2-8 所示。

（4）设计文本编制。设计师完成上述各项设计工作后，将方案成果编制成 A3 设计文本。通过多媒体手段与客户进行有效的沟通，向客户汇报概念设计方案。

图 2-5　开放式办公区电脑效果图（戴文）

图 2-6　开放式办公区完工现场照片（戴文）

方案设计参考图例

图 2-7　员工休闲区电脑效果图（戴文）

图 2-8　员工休闲区完工现场照片（戴文）

4. 深化设计阶段

本阶段要求完成施工图深化、软装陈设与设备深化，具体任务如下：

（1）空间与界面深化。在概念方案完成后，通过对方案设计成果进行分析与定位，优化平面功能布局与动线关系，以及界面深化设计，对项目各空间进行设计深化表达，结合现场条件、尺寸数据及国家规范，对空间与界面进行施工图深化设计。

（2）材料与构造深化。

1）对室内装饰构造、材料工艺进行深化设计；根据施工工艺、构造与材料特性对空间设计进行调整和细部创作；完成装饰纹样细部大样设计；制作材料样板与主材控制文件。

2）对施工图方案进行施工图细节优化、内容补充，将设计方案的施工工艺、收口节点、施工方式、主要材料品牌与花色、设备型号与品牌等深化设计，再绘制成一套具有可实施性的完整施工图。

（3）照明与陈设深化。使用手绘或者计算机效果图等表现手段，对照明、陈设进行设计表现。

深化色彩与陈设艺术设计，选择相应的灯具，计算照度及灯具数量，编制照明与陈设指导文件。

（4）设备协调深化。统筹暖通空调、给水排水、消防等专业基础点位设计。与各专业人员一起设计深化节点。统筹相关产品与设备数据信息，统筹配合多媒体、智能化的设计。

5. 施工图设计阶段

本阶段主要任务为根据设计方案及深化设计文件来绘制施工图、编制施工指导文件，再把施工图纸输出与交付给甲方。具体要求如下：

（1）施工图绘制。利用 CAD 等工程制图软件绘制设计施工图，根据设计方案及深化设计文件进行室内装饰平面图、立面图、节点图等施工图绘制。审核内装部品厂家的配合条件及配套图；完善装修设计方案的施工工艺细节及收口，编制施工图、编写施工图目录、设计说明并汇编成套；在设计时要考虑方案的可实施性，注意材料与施工工艺的合理性，调整尺寸。

完整的全套施工图包括图纸封面、图纸目录、设计说明、施工说明、装修材料列表、原建筑平面图、建筑改建平面图、各空间平面布置图、平面区域索引图、地坪布置图、顶面造型图、顶面照明图、主立面图、节点大样图、强弱电平面图、门表、主要材料表等。

（2）施工文件编制。根据施工图编写施工工艺指导书；确定装修材料，制定物料手册。

（3）施工图审定。根据国家制图规范对图纸的规范性和方案的可实施性进行认真的审查和修改，进一步修改完善。依据设计合同、设计任务书条款及相关规范对设计图纸进行审核，同时执行国家相关审图规定。

（4）图纸输出与交付。以标准格式输出施工图图纸，装订成册。依据相关规定完成蓝图签字盖章；交付设计文件并形成移交记录。

6. 设计服务阶段

经过设计方案多次修改完善及施工图深化设计后，设计团队按时把设计方案交付业主，并配合业主、监理与施工队进行装修实施阶段的跟进。本阶段的主要任务是施工技术交底、施工过程跟进、组织部品审核、陈设与设备安装、竣工图纸绘制等。

（1）施工技术交底。

1）主要工作为由设计师带着完整的设计图纸，在施工现场向施工相关人员进行技术交底。施工现场交底包括设计方案交底、施工技术交底及措施与安全交底，设计师需要详细讲解设计方案、施工工艺要求及施工安全要求。交底会议后填写《设计交底记录》，参与人员在交底记录上签字。

2）参加相关设计工程例会，了解现场施工流程、施工工艺、施工工艺指导、项目施工过程中的难点及重点问题控制。审核设计概算、施工图预算文件。

（2）施工过程跟进。

1）施工现场设计跟进服务是设计师的重要工作，主要进行现场复核、提出整改方案及补充或调整施工图纸。审核施工单位现场实地的深化图纸，提出审核意见或整改要求。施工实施期间到工地定期现场检查，解答工程项目各方疑问，撰写现场巡查报告。

2）施工现场设计变更、设计图纸修改和补充等设计服务。

3）参加各阶段验收（隐蔽、消防、设备交验、单机联动验收、竣工验收等），确保设计与施工成果相匹配，对于不符合设计的地方提出书面报告，并签字确认。

4）协助审核预算。审核工程造价的概算、预算、决算文件，协助解决施工过程中的增项费用及工程竣工决算的技术异议，配合完成整个项目的竣工报告。

（3）组织部品审核。组织检验施工现场或主要材料设备生产加工厂的装饰材料质量，确保装饰

办公空间施工图
CAD

材料符合设计效果、相应规范的要求。审核主要装饰材料（含：书面资料、材料样品、消防防火等级、检验证明、绿色环保证明、技术规格书）及装修材料封样工作；组织深化设计图纸审核、物料确认、材料替换变更、洽商审核等工作。组织审核材料厂家提供的材料实物样板标准规格、尺寸以及现场实际复核材料安装施工排版的深化设计图纸。

（4）陈设与设备安装。配合定购陈设品、艺术品及布场工作，按照设计要求确定位置摆放。安排标识、标牌、布灯点位。区分相关专业界线，组织协调各专业之间的相互配合，参与电力配置及机电设备、照明灯光、智能化设施等现场调试（图2-9、图2-10）。

（5）竣工图纸绘制。依据最后的装修工程状况绘制竣工图，施工过程中的设计与材料的变更情况要完整清晰表达。设计师收集、整理施工图过程中全套设计施工图、竣工图、设计施工图变更图纸及设计变更签单等相关文件的电子稿及图纸分类存档，以便日后进行资料管理与其他项目调用。

图 2-9　施工现场灯具调试照片　　　　图 2-10　装修施工完工后软装布置照片

2.4.2　办公空间功能布局

办公空间设计是一个系统性设计，保证合理的功能分区与规划，快捷、高效的交通流线是设计基础。在此基础上再开展界面、材料等设计。

1. 办公空间布局类型

办公空间布局有封闭式和开放式两种类型（表2-3）。

表 2-3　办公空间布局类型

布局类型	具体特点
封闭式布局	将空间分割成多个小单间独立办公室，使用围合度高的墙体来分割空间，使室内环境保持安静。其优点是外界干扰小，具备一定的私密性，使办公人员更容易集中注意力；缺点是小空间容易限制人的思维，部门之间沟通不方便（图2-11）
开放式布局	布局紧凑的开放式设计，空间面积达到最大化利用，办公设施共享提高了设施的利用率。其优点是有利于项目团队与部门之间的交流沟通，具有很高的灵活性，有助于简化管理；缺点是私密性差，容易互相干扰，不利于注意力的集中（图2-12）

图 2-11　总经理办公空间封闭式布局　　　　　　图 2-12　开放式办公区
（学生习作　薛舒婷）

2. 办公空间的分隔

（1）空间分隔的功能。空间既有物质功能，又有精神功能。有些空间有实际使用功能，有些是心理空间、虚拟空间等精神需求。空间与空间既有分隔，也有联系。

（2）空间分隔的目的。空间分隔是为了隐私需要、避免噪声或互相干扰，有些分隔是因为功能方面的需求，如将办公空间分为私人办公区、会议室、洽谈区等，有些空间分隔则是为了增加空间的丰富性与视觉效果。

（3）空间分隔的层次。空间分隔可以分为三个层次：

1）一次空间限定：是指室内空间与室外空间的限定。

2）二次空间限定：是指室内空间的母空间与子空间（图 2-13）。

共享办公空间类型表

图 2-13　二次空间限定（母子空间）

3）三次空间限定：是指房间内部家具、隔断屏风等家具与陈设的分隔。

（4）空间的分隔方式。空间分隔方式主要有：承重结构的分隔；非承重结构的分隔；家具和陈设的分隔；用天棚、地坪的高低变化进行分隔；利用色彩、材料、质地的区分进行分隔；利用声、光、色等来强化空间的区别。

3. 功能区面积分配参考

办公空间的面积分配是对普通员工、高层管理人员、公共区域等各功能区域使用面积的划分。通常，设计师在设计时需要掌握具体部门名称、工作人员数量、公用空间数量（如门厅、接待室、会议室等）、设备设施空间，还有领导层人数等数据，根据经验大致计算办公面积，这是一种较常用的方法，但偶然性较大（表 2-4）。

表 2-4　各个功能区域面积分配参考

企业类型	空间分配要求	空间划分比例	
销售型公司	销售型公司对会客室、会议室的布置比较重视，通常留出足够的会议空间及专门的接待空间。销售人员的开放式办公区靠近入口门厅设置，面积也较大，方便客户到公司商谈	开放式办公区	40%~50%
		会议室	25%~30%
		前台	5%
		独立办公区	10%~15%
		其他	10%~15%
技术型公司	以技术为核心的 IT 公司比较重视研发部门的办公环境，主要空间留给项目开发部门，通常为开放式办公，每位员工的基本工作面积不低于 3.36 m²	开放式办公区	50%~60%
		会议室	20%~15%
		独立办公区	10%
		前台	5%
		其他	10%~15%

党政机关办公用房标准

4. 办公空间功能布局原则

办公空间的功能性质通常依据公司规模、行业特性、公司的组织机构来划分，大部分企业的功能区由开放式办公区、半开放式办公区、私人办公区（高层办公区）、公共休闲活动区、交通空间、附属设施空间等构成。

（1）就近原则。明确公司各部门之间的关联性，便于进行功能区域的划分，业务联系频繁的部门靠在一起，方便交流。高层领导办公室与行政办公、秘书、财务、人事等部门靠近，方便工作上的配合。接待区和洽谈区、销售部与市场部靠在一起，并且布置在靠近入口的区域，方便人员进出与接待访客，减少对其他部门的影响。打印区、会议室等共享功能尽量辐射到整个开放式办公区，方便大部分员工的使用。

（2）动静分区。依据办公空间活动人数与嘈杂程度，可以进行动静分区。办公空间中的"动区"一般是指使用率高、人员流动性大的区域，如前台区域、公共休闲活动区、茶水间、楼梯、走廊等。"静区"一般是高层领导办公室、研发部、财务部等部门，这类部门私密性要求高，需要安静的环境完成工作。管理层高级领导的办公室因考虑私密性因素，一般远离主入口，在安静的走道尽头。

2.4.3　办公空间交通组织

1. 有序不乱

办公空间交通组织的原则是根据工作顺序安排设置，方便各部门之间的交流。通常，办公空间的交通流线从外往里，其基本顺序：门厅→接待→洽谈→休闲→工作区→业务领导办公区→会议→财务、人事等办公区→高级领导办公区→董事会办公区。

2. 安全通畅

合理的交通流线规划是工作流程能顺利有效进行的基本保障，办公空间交通导向要顺畅，交通空间尺寸要符合消防的安全要求。

3. 动线体系完整

办公空间的室内交通流线主要包括内部员工流线、外来访客流线和后勤物品流线，无论是单层的

微课：功能设置参考标准

微课：办公空间布局与组织

水平流线还是多层的垂直流线，各流线设计时尽量考虑便捷、通畅。不同的几条流线只在适当的节点位置有些联系与重合，尽量不过多地重合、交叉，形成统一、便捷、高效的办公区域的动线体系。

2.4.4 联合办公空间设计要点

自测问题 1：简述联合办公空间的定义。

_____

_____

自测问题 2：简述联合办公空间的设计原则。

_____

_____

1. 联合办公空间设计认知

随着新时代共享经济的到来及互联网的快速发展，共享资源的观念渗透到生活的方方面面，联合办公是共享经济时代的一种新型办公模式。

（1）联合办公空间定义。联合办公空间又叫作共享办公空间、柔性办公空间、创客空间、短租办公空间等。联合办公空间是指不同的公司或创业者通过租赁等形式，共同使用办公空间环境与设施，享受配套的互联网平台的网上信息、技术交流等增值服务及舒适、灵活的社区服务；配套的投融资资源、运营服务、创业指导、技术交流、财税代理、法律咨询、工商注册年检等增值服务。

（2）联合办公空间在国内外的发展。2002 年，第一个联合办公在维也纳创办。2005 年，SpiralMuse 在旧金山成为首家被官方认可的联合办公室。服务商将传统办公室承租下来，根据年轻创业者的喜好对内部空间进行二次改造，一般选择活泼轻快、现代简约的设计风格，空间利用率较高。

近几年，随着我国"双创"政策的提出，联合办公空间在我国快速发展扩张，联合办公行业的市场渗透率正迅速提升，呈现持续增长趋势，人们对联合办公行业的认知与接受度也逐年提升，市场潜力巨大。

联合办公空间合理利用共享资源，节约办公成本，引领办公的新模式。工作者可以通过租赁办公空间，不同企业共同使用同一个办公空间，还可以在互联网平台享受线上新思维与线下智能化办公环境、配套服务，实现空间共享与商业合作。联合办公空间特别适合小型的创业团队，在北京、上海等特大城市发展较好，选址一般在互联网工作人员、文创人员聚集的地方。

（3）联合办公空间的创新模式。联合办公空间的主要服务对象为新兴行业、初创企业及个人，使用对象大部分为年轻人，这就要求联合办公空间在设计上要有时尚性、科技感、创新意识。

联合办公空间的创新模式还融入生活、娱乐、智能化及生态理念，除最主要的办公功能，联合办公空间还提供一些娱乐、健身、生活等被年轻租客需要的新功能（图 2-14、图 2-15）。将智能设备、虚拟办公、生态设计理念融入设计中。

在设计过程中可以通过简洁的空间布局，打破陈旧僵化的模式，在合理化、科学化设计前提下进行空间创新性划分。在设计风格上更好地体现出时代感、时尚感，这样能让办公环境充满生机与活力。

与联合办公空间类似的办公空间还有创业社区、创客空间、孵化器等，但是这些办公模式的设计要求与联合办公空间还是有所区别的。

图 2-14　办公空间共享洽谈区　　　　图 2-15　舒适的休息区（学生习作　吴宁）
（学生习作　薛舒婷）

知识拓展

课后分析联合办公的优点与缺点，学习不同类型的共享办公空间，比较分析各类共享办公空间的特点。

联合办公的优缺点

2. 联合办公空间的设计原则

联合办公运营商为租客提供办公场所、办公设备与休闲娱乐空间，让入驻的企业、团队与自由创业者不仅能节约成本，减少现金流的占用，而且能优化工作模式，带来全新的工作体验。联合办公空间主要的设计原则是在整体风格统一的情况下，满足功能共享、空间灵活的要求，以达到办公环境舒适、高效的效果。具体设计原则见表 2-5。

表 2-5　联合办公空间的设计原则

设计原则	设计要求
功能设计共享原则	共享是联合办公空间最大的特色。大面积的交互空间、活动空间促进入驻团队之间的互动与联系，为人们提供高效、优质的办公环境。 联合办公空间一般面积大，空间功能丰富。除少量的私密办公空间外，首先需要考虑共享互动的属性，设置足够的共享交流区域
空间风格统一原则	虽然由于联合办公的品牌特色不同，在风格上差异性较大，但是一旦确定，各区域的设计风格基本保持一致，将其形成一个彼此联系、互相渗透的统一风格，这样能更好地形成强烈的品牌视觉效果。另外，还需要考虑建筑周边环境与室内空间的设计风格相统一

续表

设计原则	设计要求
舒适化与归属感原则	互联网时代的工作强度与工作压力较大，舒适的办公环境可以帮助身心疲惫的工作者释放压力，使其身心舒畅，快速恢复体力，从而提高工作效率。在联合办公空间加入咖啡吧（图2-16）、健身房、餐厅等生活空间，引入自然景观，创造出轻松、自在的环境，使人们在其中工作时产生"舒适感"与"归属感"，进而促使人们更加努力地奋斗
智能化与生态化原则	联合办公的主要租客集中在计算机互联网、电子商务等新兴行业，这些年轻的租客更加注重办公空间的智能化程度及设施设备的便捷，现代联合办公室将智能化科技应用至办公空间的每一个角落。 另外，为租客提供一个健康的办公空间环境，选择具有环保性及安全性的围合，尽量使用可再生、可降解的装饰材料。办公家具选择灵活、可拆卸的结构和可循环利用的材料（图2-17）

图 2-16　某联合办公室的咖啡吧（学生习作　顾晓桐）　　　图 2-17　采用环保材料的办公室设计

3. 联合办公空间设计分析

在设计初期，考虑到联合办公空间的受众人群，从场地分析、使用人群定位及功能分区等方面进行研究、分析和设计。

（1）联合办公空间场地分析。现场勘查是对拟装修现场建筑与场地的基本情况进行大概了解，对于现场的社区或街道的景观，水电走线，限制条件及建筑朝向、建筑结构、建筑风格等做调研，对影响到平面布置的要素有一定的了解后，可以更加直观、清晰地明确设计的要求，与客户沟通装修效果。

（2）联合办公空间使用人群定位。联合办公空间的主要租客为创业个体或团队，他们共同面临着资金缺乏、设备不足、信息不畅等困难。联合办公空间是自由职业者、初创青年群体、小微企业和大企业的合作项目团队最喜欢的办公模式。

1）根据联合办公空间现阶段调研数据显示，主要的客户群体为自由职业者、初创青年及小型公司。其中，自由职业占41%，初创青年及小型公司占36%，雇主占16%，剩下7%的用户从事其他性质的商业用途。

2）联合办公空间入驻企业规模。根据调研，小微企业办公灵活，是联合办公行业的主要服务群体。企业规模是10~50人的占31.1%；51~100人的占19.7%；100~500人的占18.9%；500人以上的占13.1%；10人以下的占9%；个人使用的占8.2%。从数据分析来看，48.3%的用户来自企业人数50人及50人以下的小微企业。

微课：办公空间的设计分析方法

　　3）联合办公用户所属行业。根据网络调研资料分析，计算机行业与电子商务是联合办公主要服务的行业。用户所属行业及占比：计算机网络行业占 19.7%；电子商务行业占 12.3%；新闻媒体出版占 10.7%；信息咨询服务业占 9.8%；广告营销行业占 9.8%；金融经济行业占 9.8%；教育培训占 9.8%；还有 18.1% 是设计创作、人力资源、新兴科技行业、其他行业。

　　（3）联合办公空间功能分区。联合办公空间具有办公、娱乐、休闲、接待、交流、培训等多种功能。联合办公空间通过扩大柔性"共享"办公区域，增加休闲、健身、交流的生活功能，以提高工作效率，最大限度上激发创业者的创造性思维，激发想象力和创造力。主要有以下几类分区的方法：

　　1）按照私密程度区分，办公区可分为"私人办公区""半私人办公区"与"开放式办公区"（图 2-18）。

　　"私人办公区"是指独立办公区；"半私人办公区"是指有高隔断的多人固定的团队办公室及会议区；"开放式办公区"主要是指临时性开放式办公区及公共休闲区域。

　　2）按照动静分区。联合办公空间功能分区原则是就近原则、"动静分区"，可以分为"动区""静区"两个区域，其中"动区"主要是指前台接待区、休闲娱乐空间、茶水间等；"静区"为私人办公区、半私人空间等区域。

　　3）按照使用功能分区。根据图 2-18 联合办公空间功能可以分为接待前厅、接待区、洽谈区、私人办公区、开放式办公区、会议区、休闲区、客房休息区、卡座区、茶水区（水吧台、咖啡吧）、卫生间等功能区域，不同企业的功能区域有少量变化。联合办公空间使用功能可以归类为"办公区域""休闲共享区域""交通辅助区域"三大类（表 2-6）。

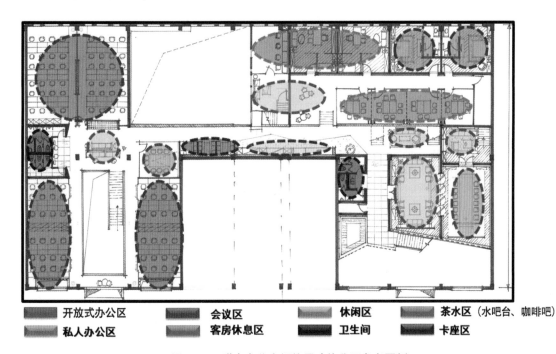

图 2-18　联合办公空间使用功能分区参考图例

表 2-6　联合办公空间使用功能表

分区	具体空间	功能要求
办公区域	私人办公空间	私人办公空间（图 2-19）也被称为独立式办公区，主要为团队与个人租客单独中长期租用，空间使用人员相对稳定，可以保护租客的隐私不受外界的视线干扰
	半私人办公空间	满足不同规模的创业团队的需求，方便团队成员在一起工作、交流，具有一定的私密性
	开放式办公空间	开放式办公空间是自由、互动与交流的空间，更适合自由创业者与个人；是能力发挥、团队协调合作、交流沟通等的重要空间，开放式办公空间是联合办公空间的核心工作区域，空间形式以开敞式为主（图 2-20）。 依据工作类型、工作模式分为密室型、蜂巢型、小组团队型和俱乐部型四种形态。创业团队可以根据团队人数变化来灵活选择办公区的位置及面积，享受公共设备等办公资源。 优点：便于团队之间的沟通交流，以及不同行业的信息共享。空间相对比较自由。 缺点：这部分空间的使用人员流动性较大，时间长短不一，个人私密性较差
	会议区	会议区包括大会议室、中会议室、小会议室、洽谈区、讨论区、多功能厅等。适用于办公者进行日常开会、商讨座谈、接待洽谈、集会等活动，能满足不同工作、聚会需求，具有非常重要的作用。 会议区分为封闭式会议室和开放式会议室，封闭式会议室一般为大、中型会议室，开放式会议室多为小型会议区（图 2-21）
	办公设备间	在开放式办公区域内设置计算机、打印机等放置设备的区域，可以方便流动办公人员共享办公设备等资源，节约办公成本与时间
休闲共享区域	前台接待区	前台一般位于大门入口处，分为接待区与等待区。接待区设置接待台，为客户提供咨询、接待服务，收集租客的反馈信息。等待区是为外来人员提供暂时休息的区域，等候里面工作的租客出来洽谈
	咖啡吧、水吧区	咖啡吧、水吧区是很受欢迎的区域，可以增加租客之间的交流与互动。咖啡吧或水吧的设置以方便员工使用为原则，通常设计在人员较多的会客、交流、休息的区域
	简餐厅	简餐厅可以解决办公人员的就餐问题，更好地为租客提供人性化的服务
	休闲区	休闲区是员工工作之余休息、放松、交流的区域，其功能布局相对灵活、丰富，家具舒适，摆放活泼，灯光、色彩搭配也比较温馨（图 2-22）
	阅读区	阅读区的设置要考虑工作者方便，设置在相对隐蔽的地方，不直接面对办公区域。配合绿色植物与艺术品、绘画作品等，营造出轻松、安静的空间环境
	健身区	联合办公空间还会安排一些跑步机、健身器材、浴室、桑拿室、冥想室等关爱租客健康的设备配置，让租客工作之余，能强健体魄，更好地提高工作效率
	娱乐厅	设置视听室、游戏室等娱乐休息空间，可以舒缓工作压力

续表

分区	具体空间		功能要求
交通辅助区域	辅助空间	茶水间	茶水间靠近办公区域,方便工作者日常取用。配有饮水机、茶叶、咖啡机等,还有的会配有微波炉、小型冰箱等设施。设计比较有趣味,有的采用吧台形式
		卫生间	卫生间是共享办公空间中必不可少的。一般安排在休闲空间与娱乐空间附近
		吸烟室	吸烟室是专门为吸烟者提供的人性化密闭空间,此区域通常在有客户的房间、通风良好,不影响室内公共环境的空气质量
		设备间	各种通信设备、计算机网络设备、安装配线接续设备、空调机设备等所在的房间。如空调机房、通信机房、建筑智能化系统设备用房、配电室等
	通行区域	水平交通	指走廊、过道等区域,是办公空间中联系各功能区域的重要交通纽带,人员流动的交通流线。走廊分为静态走廊与动态走廊
		垂直交通	电梯、楼梯是高层办公建筑的重要垂直交通。电梯厅是客户进入企业的第一个区域,因此也是办公空间的重要设计区域。楼梯有多种造型与形式,一般可分为开敞式和封闭式两种,有的开敞式在空间中起到装饰的作用

图 2-19　私人办公空间

图 2-20　开放式办公空间

图 2-21　会议区

图 2-22　休闲区

（4）联合办公空间功能布局实例。功能布局可以通过气泡图分析来完成多种设计方案，下面用同一个平面的三种分析图来举例：

1）以办公区为主的功能布局设计，把开放式办公区、私人办公区分散设计，适合多个项目团队分开使用（图 2-23）。

2）以开放式休息区为中心的功能布局设计，体现员工的交流互动与空间的流动性为设计主线（图 2-24）。

3）以开放式办公区为中心的功能布局设计，体现办公空间的最大化利用与空间开放性、流动性特征（图 2-25）。

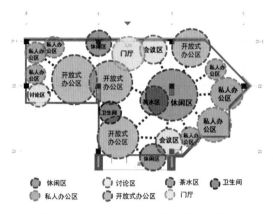

图 2-23 以办公区为主的功能布局设计

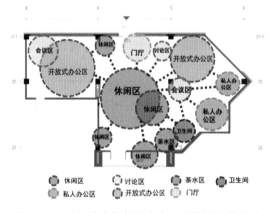

图 2-24 以开放式休息区为中心的功能布局设计

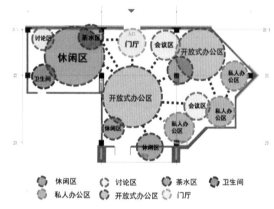

图 2-25 以开放式办公区为中心的功能布局设计

联合办公空间平面设计图例

（5）联合办公空间的动线设计。联合办公空间的室内交通流线主要包括内部员工（租客）流线、外来访客流线和后勤物品流线（图 2-26），通过巧妙的流线设计，让人们在空间移动时发生联系，在交通节点上偶遇，形成人与人的互动、交往，促进租客之间的相互交流。

1）内部员工（租客）流线。从入口大门进入后通过主要通道，进入各自的工作区域。

2）外来访客流线。访客活动区域一般在入口门厅的等待区、洽谈室、对外会议室、贵宾会客室等区域。因此，外来访客流线比较短，比较集中在入口区域出现。

3）后勤物品流线。后勤物品流线通常在面积大、办公人员较多的办公空间才会设置。后勤保洁人员不从入口门厅进入，通常在靠近货梯的后门出入，方便补给货物进出及垃圾清运。

（6）联合办公空间风格选择。风格主要根据客户群体而设定，联合办公空间的主要客户群体年龄在 25 岁至 40 岁，年轻的高学历职业群体所喜爱的风格偏向简单、随性、大方。所以，联合办公空间的风格主要以现代简约风格、工业风格、混搭风格、自然风格、雨林风格、商务风格等为主。

颜色多以米黄、棕色、白色为主色调，辅助色会采用鲜艳的色块，装修材料以原木、大理石、素水泥、石膏板隔墙、吊顶为主，局部搭配亚麻布艺与绿植。办公区、会议室一般用接近日光的光源色。接待区、休息区以暖色调为主光源，搭配简洁的现代家具，营造舒适、温馨的空间环境。

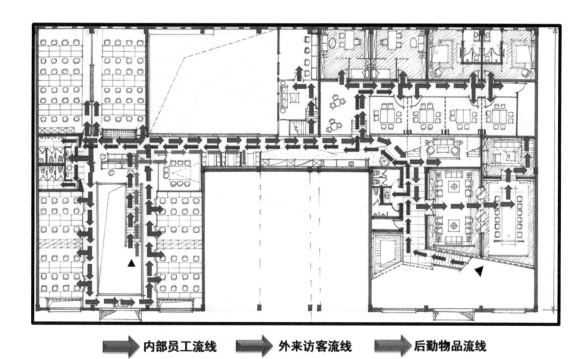

➡ 内部员工流线　　➡ 外来访客流线　　➡ 后勤物品流线

图 2-26　联合办公空间交通流线设计图例

4. 联合办公空间的设计策略

（1）提升"共享"的功能内涵。联合办公空间设计是以一个或多个共享空间为主体的无边界的开放式空间，包括共享交流办公、无边界办公、共享休闲、协作式办公、偶遇交流空间等多元化的共享交流空间，来拉近人与人之间的距离，实现了信息资源的高效传播。在设计上创造开敞、重叠、复合、交错等创造多元化的工作场景，以满足灵活多样的工作方式及行为。

（2）突破设计风格的界限。联合办公空间推进工作与生活融合的理念，体现空间设计的趣味性和创造力，摒弃传统办公空间的呆板、无趣的办公格子间的模式。一方面，多样化的设计风格带给租客更多的选择与新奇的办公体验；另一方面，基于大面积"共享交流"空间的设计诉求，形成多功能、多层次的共享空间组团。国内的联合办公品牌根据企业自身的特色，打造出工业风、清新风、现代简约风（图 2-27）、明亮欢快风（图 2-28）、商务风等多种多样的风格，租客可以根据自己的喜好选择不同风格的办公室。

（a）　　　　　　　　　　　　　　　　　（b）

图 2-27　现代简约的某联合办公室设计（学生习作　顾晓桐）

（a）示意一；（b）示意二

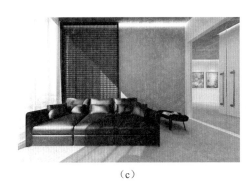
（c）

（d）

图 2-27　现代简约的某联合办公室设计（学生习作　顾晓桐）（续）

（c）示意三；（d）示意四

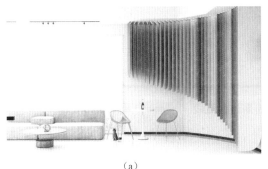
（a）

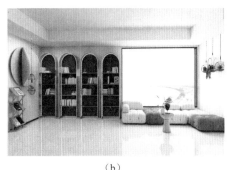
（b）

图 2-28　明亮欢快风的联合办公室设计（学生习作　杨蒙）

（a）示意一；（b）示意二

　　（3）打破了行业边界。联合办公空间不仅打破了空间边界，更打破了行业边界。聚合了多行业、多企业、多品牌的共享办公模式，是一个天然的资源平台，一个超大的创业社群，各类精英人群、各类优质资源在这里产生交集，碰撞出更多的商业机会。部分头部企业产生的强大虹吸效应更会带动上下游完整产业链的建设。

　　（4）多层次的空间领域。联合办公空间是集工作、休闲、艺术、社交为一体的多元化的办公模式，其功能需求、空间布局不仅要满足客户的办公需求，还要重点考虑现代办公的新转型、新发展、新形势的需求。创造出既有规律又有变化的空间层次。

　　办公室装修区域设计通常是从入口往里的空间布局序列，一般为接待区、公共休闲活动区、开放工作区域、服务用房、私人（高级管理层）办公室等。如果是复式结构，则从底层至高层顺排，底层为接待区、公共休闲活动区、开放工作区域，高层设置私人（高级管理层）办公室，楼层越高，使用人员的级别及私密性越高。

　　联合办公领域的空间领域可以分为个人空间、领域组团和领域群三个层次。

　　1）个人空间。每个办公人员的办公工位为个人空间。

　　2）领域组团。每个部门或一个办公室为单独的领域组团。

　　3）领域群。以整个办公楼或整个办公空间区域为一个领域群。

　　有序分配办公领域，在办公区内创造共享型的领域组团，通过空间功能分配、流线组织，梳理出流畅快捷的交通流线，根据风格主题，设计元素，营造氛围，创造出层次分明、规律有序的办公空间。

　　（5）类型丰富的空间形态。联合办公空间将"私密与独立"和"开放与共享"两种看似对立，又需要融合的空间主线在同一个空间中实现。

　　共享空间的功能具有开放、多元、融合的特点，在空间形态的设计中，以更加多元化和趣味性的方式加以实现。例如，联合办公空间中常常出现地台和下沉空间，提供形态各异的阶梯式空间等形态空间。阶梯式路演区的台阶逐渐抬高上升，把剧场式的地台元素引入空间，带给人们沉浸式的体验，下沉式休息与讨论空间具有围合的安全感，拉近人们的心理距离（图 2-29）。

　　其次，静态、固定的私人办公室、会议室等"私密独立"空间所占比例虽然较小，但是为人们提供了私密又专注的独立办公工作环境。

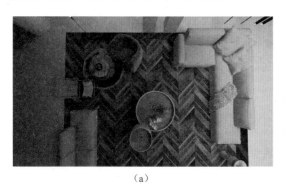

（a）　　　　　　　　　　　　　　　　　　　（b）
图 2-29　某联合办公区下沉式休闲区（学生习作　陈诗雨）
（a）示意一；（b）示意二

　　（6）灵活多变的空间布局。功能布局主要从高效的功能流线、突破常规的空间格局、高舒适度的工作生活环境三方面来考虑。在"工作和生活共触"理念的指导下，为了营造出轻松愉悦的办公氛围，联合办公功能设置私人办公区、半私人办公区、共享开放办公区、会议室、贵宾接待室等办公空间（图 2-30）。"休闲共享区""交通辅助区"不仅包括共享的文印设备，还提供融资、会计、税务咨询等服务空间。"休闲共享区"有健身房、休息室、共享厨房、咖啡吧等功能全、规模大、设施设备全的生活服务空间，将工作休闲共享区和生活共融的理念表现到极致（图 2-31）。

　　（7）互动性的交通流线。为了提高使用者的工作效率及交流机会，联合办公空间的流线组织高效而灵活。注重提高流通效率和互动性，多以一个或多个共享交流空间为中心，交通线路或发散或闭合形成回路，其设计目的是尽可能地加强各个功能空间的联系，使员工在办公空间中活动更加便捷。

图 2-30　贵宾会客区图（学生习作　高天馨）　　　　图 2-31　舒适的休闲共享区设计
（学生习作　王靖林）

　　（8）个性化造型与色彩设计。联合办公空间的空间设计呈现出韵律感、节奏感等空间美学特征，视觉化效果以风格化、趣味性、个性化的丰富方式呈现，让人心情放松、开拓创新性，从而提高工作效率。在联合办公空间色彩的设计上，运用色彩的视觉、心理等作用，使用不同的配色方案。不同功能区域用色彩来区分、营造不同的办公环境效果。有的选用高彩度、高饱和度的色彩，增强了空间趣味性；有的提高色彩的对比度，运用对比色，使之形成空间焦点；有的色彩设计强化品牌标识的印象。

　　总结：通过学习联合办公空间的基本概念、设计要求、分类及设计原则，对联合办公空间展开设计分析，提出联合办公空间的设计策略。

2.5　案例分析

项目名称：某联合办公室改造设计（学生习作　谢思怡）

主要材料：空心烧结砖、水泥、木饰面、皮革

办公空间面积：1 400 m² 左右

项目背景及要求：本项目位于市中心写字楼，公司办公面积为 1 400 m² 左右，甲方希望能通过设计装修全面提升联合办公室的形象和档次。要求设计具有鲜明的时代感并反映出设计公司的特色。在为全体租客提供一个整齐有序、空间足够的办公环境的同时，也要为使用者营造一个舒适、充满活力的休息空间、休闲空间。

主要功能区域：前台接待等候区、洽谈室、会议室（两间）、员工休息区、员工用餐区、中心茶水吧、独立办公区、接待区等。在空间功能的分配上既要满足办公需求，也尽量满足员工对休息空间舒适度的要求，使办公空间的设计越来越人性化。

设计说明：本方案是以"复古工业风"为设计主线，整合空心烧结砖、水泥、木饰面等主要材料，对联合办公空间设计进行创意构思。从家具选择、地面铺装、灯具选择、墙面造型设计等方面凸显复古、摩登的设计风格。

本方案的特色是用空心烧结砖的色彩与造型组合来完成空间的分割组合，这不仅强调了工业风的特点，更是让原本沉闷的水泥墙面在空心砖的造型及色彩的映衬下显得别具风格，凸显出联合办公空间的时尚特征。水泥墙面设计比起复古的砖墙多了一些沉静与现代，由水泥构建的办公室让人安静、理性，享受工业风办公室的静谧与美好。

家具的主要材料选择多以原木、红棕皮革、黑色铸铁等为主。家具的颜色鲜亮、丰富，避免在灰色调的空间过于枯燥、沉闷，选择这些独特的色彩点亮空间（图 2-32）。

联合办公空间设计
案例

（a）

（b）

（c）

（d）

图 2-32　联合办公室改造设计（学生习作　解思怡）

（a）示意一；（b）示意二；（c）示意三；（d）示意四

2.6　项目合作探究

2.6.1　工作任务描述

联合办公空间工作任务描述见表 2-7。

表 2-7　联合办公空间工作任务描述

任务编号	XM2-2	建议学时	本项目共 12 学时，理论 6 学时，实训 6 学时
实训地点	校内实训室 / 设计工作室	项目来源	企业项目、设计招标项目
任务导入	本项目是为一家联合办公空间做室内设计，室内面积为 500 m²，使用对象主要是年轻创业者，设计风格不限，要有创新性，布局要有灵活性，要体现时尚性。装修费用适中，装修材料要环保。需要满足办公、休闲、文化交流、商务会谈、路演空间等主要功能。本项目需要完成设计调研与分析、联合办公空间概念设计方案设计等（具体见"联合办公空间设计项目任务书"二维码）		
任务要求	任务实施方法： 案例分析法、比较分析法、网络调研法、讨论法、项目演练、线上线下混合式教学、翻转课堂等 任务实施目标： 本项目主要任务是明确联合办公空间的设计目标与任务，展开设计调研，梳理设计方向，构思平面方案，完成平面草图绘制，完成平面优化方案，对办公室各界面展开设计，完成手绘或计算机效果图，完成设计概念、方案文本 任务成果： 1. 绘制完整的方案平面图、顶棚图等。 2. 对各空间的界面设计进行空间造型设计、色彩设计、材质设计，灯光设计。 3. 用手绘及软件设计表达，手绘立面草图、效果图草图，最后完成计算机效果图绘制（计算机效果图可以使用 3ds Max、SketchUp 等绘制，使用软件不限）。 4. 利用文字及图片表述方案设计思维、设计方案，内容包含方案平面图、设计定位等说明、主要空间设计的效果图、主题配色构思、材料选择、设计风格、设计元素、家具软装设计等，具体要求见二维码"联合办公空间设计项目任务书"。 5. 最终形成联合办公空间设计概念文本方案，设计成果经排版整理后以 A3 图册文本的方式编排。 6. 设计方案汇报 PPT。 7. 填写各类项目实训过程表格		

课内时间交流、辅导、点评、知识点强化为主。课堂以讲授、讨论交流、案例分析、技能训练为主。由于课时有限，设计前期准备、设计方案实施等部分项目任务实训可以在课后完成

	工作领域	工作任务	工作任务 / 相关资源	建议课时
任务实施流程	工作领域 1：设计前期准备	任务 2-1-1 标书解读，文件梳理	联合办公空间设计项目任务书	3.5 学时
		任务 2-1-2 项目调研，任务分析		
		任务 2-1-3 需求调研，任务分解		
	工作领域 2：设计定位与构思	任务 2-2-1 项目分析，设计定位		4 学时
		任务 2-2-2 草图绘制，设计构思		
	工作领域 3：方案设计	任务 2-3-1 元素提炼，功能分配	联合办公空间项目实训指导书	3.5 学时
		任务 2-3-2 效果表达，设计说明		
		任务 2-3-3 汇总准备，方案制作		
	工作领域 4：设计汇报与成果展示	任务 2-4-1 成果汇报，学生评价		1 学时
		任务 2-4-2 项目总结，教师点评		

2.6.2　项目任务实施

工作领域 1：设计前期准备

1. 任务思考

课前学习室内设计招投标知识点，了解设计招投标流程，回答以下问题。

引导问题 1：什么是办公室设计招标？请写在下面。

_____

_____

引导问题 2：经过课前学习，你是否了解设计招标的主要流程？请将简单的流程写在下面。

_____

_____

（职场直通车）

　　课后学习装修设计流程，了解办公空间设计招标书具体内容。

　　知识拓展 1：了解装饰工程项目招标与投标流程。招投标是在国家宏观计划指导和政府监督下的竞争。实行招标和投标制度的作用是有利于打破垄断，在平等互利基础上开展竞争；促进建设单位做好工程前期工作；有利于节约造价；有利于缩短工期；对投标人的资格进行审查，避免了不合格的承包商参与承包，有利于保证质量；有利于管理体系的法律化。招标投标流程主要可划分为招投标准备阶段、招投标实施阶段、定标成交阶段三个阶段（图 2-33）。

（1）招投标准备阶段。在招投标准备阶段，建设单位需要组建招标工作机构（或委托招标代理机构），决定招标方式和工程承包方式，编制招标文件，并向有关工程主管部门申请批准；对投标单位来说，主要是对招标信息的调研，决定是否投标。

（2）招投标实施阶段。在招投标实施阶段，对于招标单位来说，其主要过程包括编制招标控制价、发布招标信息（招标公告或投标邀请书）、对投标者进行资格预审、确定投标单位名单、发售招标文件、组织现场勘察、解答标书疑问、发送补充材料、接收投标文件。对投标单位来说，其主要任务包括索取资格预审文件、填报资格审查文件、确定投标意向、购买招标文件、研究招标文件、参加现场勘查、提出质疑问题、参加标前会议、确定投标策略、编制投标文件并送达。

（3）定标成交阶段。在定标成交阶段，招标单位要开标、评标、澄清标书中的问题并得出评标报告，进行决标谈判、决标，发中标通知书，签订合同，通知未中标单位；投标单位要参加开标会议、提出标书中的疑问、与招标单位进行谈判、准备履约保证，最后签订合同。

知识拓展 2：了解设计招标的方式。

（1）公开招标。公开招标又称为无限竞争性招标，是指招标人以招标公告的方式邀请不特定的法人或者其他组织投标，即招标人在指定的报刊、电子网络或其他媒体上发布招标公告，吸引众多的单位参加投标竞争，招标人从中择优选择中标单位。

（2）邀请招标。邀请招标也称为有限竞争性招标（选择性招标），指招标人以投标邀请书的方式邀请特定的法人或其他组织投标，即由招标人邀请资信和业绩优秀的承包者来参加投标竞争。

设计招投标的国家法律规定

办公空间设计招标书（案例）

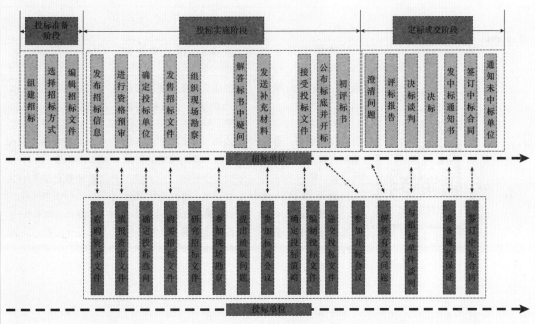

图 2-33　招投标流程图

杜绝招投标违法行为

《中华人民共和国招标投标法》《中华人民共和国政府采购法》等涉及招投标的国家法律文件中明确招投标相关法律、法规，其目的是进一步加强招投标监督管理，遏制招投标领域违法违规行为，规范和维护招投标公开、公平、公正的市场竞争秩序，增强招投标活动各方主体信用意识，促进招投标市场的健康发展，主要的招投标违法行为如下：

办公空间设计
招投标

（1）招标违法行为主要有：不具备招标条件的招标；不具备自行招标条件的招标人自行组织招标；补办招标手续；二次招标。

（2）投标违法行为主要有：以他人的名义投标；串通投标；以行贿手段谋取中标等行为。

2. 任务实施过程

"工作领域 1：设计前期准备"工作任务实施见表 2-8。

表 2-8　"工作领域 1：设计前期准备"工作任务实施

工作领域	工作任务	任务要求	工作流程	活动记录/任务成果
工作领域 1：设计前期准备	任务 2-1-1 标书解读，文件梳理	1. 收集办公空间招投标资料。 2. 解读本项目办公空间设计招标文件，重点了解设计要求。 3. 了解设计招标流程（图 2-34）。 4. 了解装饰行业设计收费标准	步骤 1：收集办公空间招投标资料。 步骤 2：解读设计招标文件。 步骤 3：了解设计招标工作流程与文件制作要求。 步骤 4：了解设计收费标准	1. 办公空间设计招投书资料。 2. 做好学习记录
	任务 2-1-2 项目调研，任务分析 租客需求分析	1. 课前学习联合办公空间认知、设计原则、设计策略知识点。 2. 对联合办公空间展开设计调研，分析使用人群、功能需求及设计对策。 3. 研读项目任务书，明确设计目标、主要工作任务，拟订工作计划	步骤 1：自主探究知识点。 步骤 2：展开项目前期设计调研，了解租客的需求。 步骤 3：填写《租客对联合办公空间环境的需求分析》分析表。 步骤 4：明确项目设计目标与具体任务。 步骤 5：填写项目实训任务清单	1. 讨论记录。 2. 任务工作单 R-3：项目工作计划方案。 3.《租客对联合办公空间环境的需求分析》分析表。 4. 任务工作单 R-1：项目实训任务清单。 5. 任务工作单 R-4：项目工作过程记录表

工作领域	工作任务	任务要求	工作流程	活动记录 / 任务成果
工作领域 1：设计前期准备	任务 2-1-3 需求调研，任务分解 装修需求分析表	1. 客户需求沟通，填写客户装修调查表等文件。 2. 整理客户需求分析，填写客户装修需求分析表。 3. 了解办公空间设计流程及设计师工作。 4. 根据项目实训任务分配成员工作任务	步骤 1：角色扮演客户沟通。 步骤 2：整理客户需求分析。 步骤 3：明确设计要求与工作任务。 步骤 4：分配项目团队工作任务。 步骤 5：拟订项目工作计划方案，填写计划表	1. 讨论记录。 2. 任务工作单 R-5：装修需求调查表。 3. 任务工作单 R-6：装修需求分析表。 4. 任务工作单 R-2：项目团队任务分配表

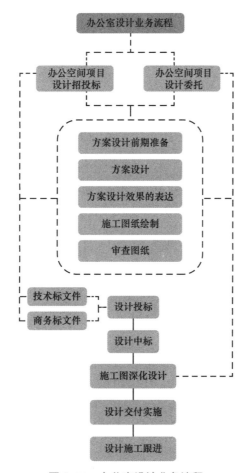

图 2-34　办公室设计业务流程

3. 任务指导

（1）课前通过互联网收集资料，对联合办公空间展开设计调研，分析联合办公空间主要使用人群。

（2）分析租客对联合办公空间环境的功能需求及设计要求；通过项目分析，明确设计目标与具体任务。

联合办公空间使用人群：＿＿＿＿＿＿＿＿＿＿＿＿＿＿＿＿＿＿＿＿＿＿＿＿

＿＿＿＿＿＿＿＿＿＿＿＿＿＿＿＿＿＿＿＿＿＿＿＿＿＿＿＿＿＿＿＿＿＿＿＿＿＿

＿＿＿＿＿＿＿＿＿＿＿＿＿＿＿＿＿＿＿＿＿＿＿＿＿＿＿＿＿＿＿＿＿＿＿＿＿＿

设计目标：＿＿＿＿＿＿＿＿＿＿＿＿＿＿＿＿＿＿＿＿＿＿＿＿＿＿＿＿＿＿＿＿

＿＿＿＿＿＿＿＿＿＿＿＿＿＿＿＿＿＿＿＿＿＿＿＿＿＿＿＿＿＿＿＿＿＿＿＿＿＿

＿＿＿＿＿＿＿＿＿＿＿＿＿＿＿＿＿＿＿＿＿＿＿＿＿＿＿＿＿＿＿＿＿＿＿＿＿＿

具体任务：＿＿＿＿＿＿＿＿＿＿＿＿＿＿＿＿＿＿＿＿＿＿＿＿＿＿＿＿＿＿＿＿

＿＿＿＿＿＿＿＿＿＿＿＿＿＿＿＿＿＿＿＿＿＿＿＿＿＿＿＿＿＿＿＿＿＿＿＿＿＿

＿＿＿＿＿＿＿＿＿＿＿＿＿＿＿＿＿＿＿＿＿＿＿＿＿＿＿＿＿＿＿＿＿＿＿＿＿＿

任务思考：＿＿＿＿＿＿＿＿＿＿＿＿＿＿＿＿＿＿＿＿＿＿＿＿＿＿＿＿＿＿＿＿

＿＿＿＿＿＿＿＿＿＿＿＿＿＿＿＿＿＿＿＿＿＿＿＿＿＿＿＿＿＿＿＿＿＿＿＿＿＿

＿＿＿＿＿＿＿＿＿＿＿＿＿＿＿＿＿＿＿＿＿＿＿＿＿＿＿＿＿＿＿＿＿＿＿＿＿＿

4. 任务实施评价

学生自评、小组成员之间互评，填写工作评价表 P-1、表 P-2，由组长最后填写小组内成员互评表（见二维码"项目各类评价表"）。

5. 知识拓展与课后实训

（1）课后了解设计师的主要工作任务，概念方案设计分析与设计定位流程，拟订设计工作计划。

（2）课后分组实训，角色扮演客户与设计师，共同讨论联合办公空间设计概念设计方向。整理客户需求分析，并列表分析。

| 办公空间设计流程及任务表 | 概念方案设计流程 | 室内设计计划进度表（模板） | 微课：客户装修需求分析 |

工作领域 2：设计定位与构思

1. 任务思考

课前自修教材中自修办公空间功能布局与交通组织、办公空间界面设计与形象设计、联合办公空间设计等知识点，观看教学视频，完成以下思考问题：

引导问题：租客选择联合办公空间的主要原因（联合办公空间优点）有哪些？

＿＿＿＿＿＿＿＿＿＿＿＿＿＿＿＿＿＿＿＿＿＿＿＿＿＿＿＿＿＿＿＿＿＿＿＿＿＿

＿＿＿＿＿＿＿＿＿＿＿＿＿＿＿＿＿＿＿＿＿＿＿＿＿＿＿＿＿＿＿＿＿＿＿＿＿＿

＿＿＿＿＿＿＿＿＿＿＿＿＿＿＿＿＿＿＿＿＿＿＿＿＿＿＿＿＿＿＿＿＿＿＿＿＿＿

职场直通车

　　在施工图绘制过程中，需要遵守国家的施工图制图规范与标准，在设计制图时严格按照要求、标准执行；在项目实训中要认真、专注地完成设计方案。分组讨论建筑师负责制，讨论设计师的工作职责与法律责任，希望引起同学们的重视。

联合办公空间的平面设计参考案例

施工图的规范绘图标准

2. 任务实施过程

　　"工作领域 2：设计定位与构思"工作任务实施见表 2-9。

表 2-9　"工作领域 2：设计定位与构思"工作任务实施

工作领域	工作任务	任务要求	工作流程	活动记录/任务成果
工作领域 2：设计定位与构思	任务 2-2-1 项目分析，设计定位	1. 客户信息与设计要求分析。 2. 场所实际情况的分析（选做）。 3. 结合设计任务书做设计分析与定位。 4. 提出合理的设计方向与思路	步骤 1：场所实际情况的分析。 步骤 2：结合设计任务书做设计分析与定位。 步骤 3：提出合理的设计方向与思路	1. 讨论记录。 2. 设计分析与定位草图
	任务 2-2-2 草图绘制，设计构思	1. 掌握资料分类方法与网络检索方法。 2. 知识点学习，展开设计构思、场地分析、使用人群定位、风格定位等设计定位。 3. 考虑装修风格、材料、色彩、软装的选配	步骤 1：展开设计构思、设计定位。 步骤 2：思考装修风格、材料、色彩、软装的选配	1. 讨论记录。 2. 表 2-6 办公空间使用功能表

3. 任务指导

（1）本阶段主要是设计定位与设计构思。整理前期收集的信息，进行列表分析，并抓住主要信息作为设计定位的依据，结合客户要求与功能内在联系分析功能关系。确定交通流线与空间布局。

（2）场所实际情况的分析。分析电、水、气、暖等设施的规格、位置、走向及建筑结构关系。综合分析建筑内部情况、建筑室外景观、朝向情况、与周围建筑的关系及配套设施情况与位置（选做，由老师联系施工现场）。

（3）设计构思是一种复杂的心理过程，由表及里的综合分析、比较，由抽象到具体的形象化过程。需要依靠市场调查、客户分析等实践得出结论。通过气泡图、思维导图、设计草图来辅助设计构思。

（4）综合前期客户沟通与调研的信息，进行设计理念定位和设计风格定位。根据客户要求提出概念设计主要方向，设计定位主要包括风格定位、主题定位、设计理念定位、元素定位、色彩定位、材料定位等，整理出合理的设计方向与思路。设计风格与设计理念定位需要通过设计小组的集体讨论，并且需要得到客户的确认。

某联合办公室平面
图案例

引导问题：思考本项目的设计构思、设计定位，明确概念设计方向。通过研读招标设计任务书，对企业基本情况、拟定场所实际情况、设计要求分析等内容进行分析。对项目设计分析与设计定位，确定方案设计风格，明确项目整体创意设计方向。请把联合办公空间设计定位写在下面。

设计理念定位：_____

_____

_____

设计风格定位：_____

_____

_____

设计材料定位：_____

_____

_____

设计色彩定位：_____

_____

_____

调查研究

通过课前查找资料，对联合办公空间主要的租客及主要功能进行分析，简要回答以下问题：

1. 请给联合办公空间的主要租客做人物画像，请用文字及图表来描述。
2. 通过网络调研，查一查租客对联合办公空间环境的主要功能需求，用思维导图推演。

根据前期收集的资料和设计任务书整理出本项目的主要功能区域，并进行列表分析。通过估算与合理分配，填写表 2-10。

表 2-10 联合办公空间功能分析表

功能	功能区域		数量	开放程度	使用人数	使用频率	使用面积	照明程度	给水排水
办公空间	私人办公空间								
	半私人办公空间								
	开放办公空间								
	会议交流区								
	办公设施区								
共享休闲空间	休闲娱乐空间	阅读区、咖啡吧、员工餐厅							
		健身、娱乐厅							
交通辅助区域	辅助空间	前台接待区							
		吸烟室							
		茶水间							
		卫生间							
	通行区域	走廊、过道							
		电梯、楼梯							—

4. 任务实施评价

根据任务完成情况，学生自评、小组成员之间互评，填写工作评价表 P-1、表 P-2，由组长最后填写小组内成员互评表。

5. 知识拓展与课后实训

（1）课后实训，通过网络检索收集 2 个联合办公空间优秀案例，具体分析其平面布局、界面及设计特色，图文并茂，800 字左右。

（2）课后请同学用项目 2 联合办公空间原始平面图，依据私密程度对联合办公空间分区，指出

"私人办公区""半私人办公区"与"开放办公区"。

<h2 align="center">工作领域 3：方案设计</h2>

1. 任务思考

课前学习联合办公空间知识点，完成下面的问题。

引导问题 1：联合办公空间的共享休闲空间主要有哪些？

_____

_____

引导问题 2：联合办公空间的"动区"一般人员流动较大，主要有哪些区域？

_____

_____

引导问题 3：本项目准备选取哪些设计元素？谈谈选取的依据。

_____

_____

小组讨论：讨论联合办公空间的主要设计策略有哪些？

_____

_____

_____

（职场直通车）

　　课后调查装饰装修工程质量验收、防火施工规范等资料，拓展学习关于施工质量与消防的知识点。通过网络调研，重点了解室内空间设计、办公空间设计关于质量验收、防火施工等相关法律、法规知识等。

《建筑装饰装修工程质量验收标准》（GB 50210—2018）

《建筑防火通用规范》国家标准（GB 55037—2022）

2. 任务实施过程

"工作领域 3：方案设计"工作任务实施见表 2-11。

表 2-11　"工作领域 3：方案设计"工作任务实施

工作领域	工作任务	任务要求	任务流程	活动记录 / 任务成果
工作领域 3：方案设计	任务 2-3-1 元素提炼，功能分配	1. 根据表 2-10，完成联合办公空间组织与平面布局，完成功能分析，交通流线图组织。 2. 完成平面方案气泡图分析草图。 3. 绘制功能分区、交通流线图。 4. 绘制办公空间平面设计方案草图，平面优化设计	步骤 1：绘制功能、交通分析草图。 步骤 2：绘制办公空间平面设计方案草图。 步骤 3：平面优化设计	1. 功能分区图、交通流线图等。 2. 平面设计方案草图。 3. 平面优化设计图 3 张（CAD 软件）。 4. 讨论记录、填写过程记录表
	任务 2-3-2 效果表达，设计说明	1. 绘制手绘透视图效果图，表现手法不限（水彩笔、马克笔、彩色铅笔）。 2. 计算机效果图绘制（课后，软件不限）。 3. 利用口头和文字两种方式表述方案设计思维	步骤 1：手绘效果图。 步骤 2：计算机效果图设计表达。 步骤 3：设计说明	1. 透视效果图（手绘）。 2. 计算机效果图（3dmax、SketchUp 等）。 3. 讨论记录、填写过程记录表
	任务 2-3-3 汇总准备，方案制作	1. 方案设计成果汇总。 2. 办公空间概念方案设计文本	步骤 1：检查修改设计图纸及项目汇报资料准备。 步骤 2：概念方案设计文本制作。 步骤 3：概念方案检查、修改。 步骤 4：填写任务工作单 R-4 工作过程记录表	1. 设计文本。 2. 讨论记录。 3. 任务工作单 R-4：工作过程记录表

3. 任务指导

因课内学时受限，任务实训可以通过课内与课后相结合来完成。

（1）主要任务是平面分区布置及流线分析。首先对联合办公空间画像，分析其主要功能，合理安排联合办公空间的功能区域与交通线路。分组实训，填写表 2-10 联合办公空间功能分析表，以思维导图、气泡图、设计草图等展开设计分析，分析功能分区、使用人群、主要风格及空间类型划分（图 2-35）。

（2）思考平面空间的布局。首先用气泡图把功能空间按功能需求及相互关系安置在原始建筑平面图上（图 2-36），然后初步计算每一个单元的基本面积，最后考虑空间尺度逐步调整面积大小。逐步完成办公空间平面设计方案，绘制平面设计草图；完成 2~3 个平面方案优化。具体要求与步骤如下：

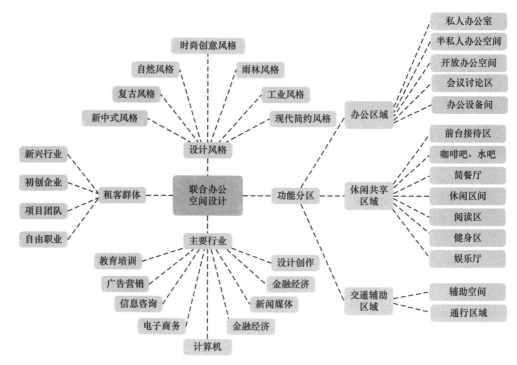

图 2-35 某联合办公空间的设计分析图

1）气泡图也被称为圆形分析法。平面构思初期，设计师在具体的限定性建筑平面框架中，用大小不等的抽象圆形来分析面积大小与功能位置，可以随意地设置、调整位置，整体上把握动态交通流线和静态功能空间的关系，设定合理的功能空间位置及其联系（图 2-37）。

CAD 原始建筑平面图

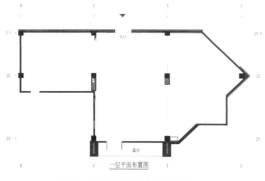

图 2-36 原始建筑平面图

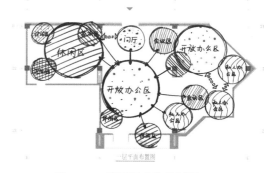

图 2-37 平面图功能分析图

2）绘制空间墙体与围合。这是把气泡图从圆改成方的过程，也是从抽象图形具体化的转化过程。在平面上采用明确墙体线条来界定空间，将气泡图转换为具有明确空间界定的墙体形态，留出大致的交通空间。平面图的雏形已经完成，为平面细化打下了基础。

3）在完成块状平面方案图后，可以尝试在空间中布置尺寸准确的家具和设备。家具只画轮廓，不需要画得太细，重点在于确定家具布置在平面设计方案内的合理性。注意：布置家具要考虑房间的朝向与窗户的位置，家具尺寸比例要相对准确。

4）平面细化阶段。气泡图从"圆"到"方"的图形转换之后，如果对方案满意，就接着可以对平面图进行细化处理，绘制家具、门的开启方向、墙的形状等。如果对方案不满意，回到圆圈图形重新思考新一轮的图形思维，调整功能区位置，完成新一轮的平面设计构思。

5）正式平面草图。在进行过多次的平面图形构思以后，整理出几种不同的平面设计方案进行比较，最后选定其中一个比较满意的平面图。在后续的平面细化中，再继续调整局部细节。平面设计在这种不断地调整与完善中逐渐合理，最终达到满意的效果（图 2-38）。最后把细化后的草图绘制成 CAD 平面图（图 2-39）。

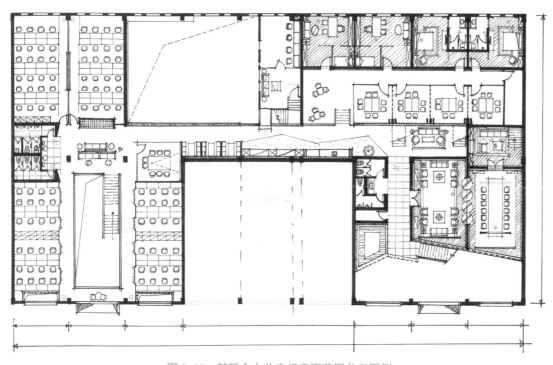

图 2-38　某联合办公空间平面草图参考图例

（3）设计草图实训。以透视图形式表现空间形态，以设计元素选取与提炼表达设计主题。完成联合办公空间的立面设计草图，手绘概念草图、手绘效果图。

（4）绘制联合办公空间功能分区图、交通流线图，以交通流线图表现空间组合方式，具体参考教材图 2-18、图 2-26。

（5）结合水、电、通风、消防等管线设施的现状来设计界面。统筹思考界面的造型、色彩、材质、图案、肌理、构造等方面，绘制立面草图和手绘效果图。方案设计效果的表达是在方案草图的基础上进行整理和调整，将方案完整地用手绘及计算机效果图的形式表现出来。能用语言及文字表达方案设计思维，与客户沟通设计意图、设计效果，以得到客户的认同。

4. 任务实施评价

本次任务主要是方案设计，以透视图形式表现空间形态。完成联合办公空间的界面设计草图，手绘立面草图、手绘效果图、计算机效果图。

图 2-39　CAD 平面图参考图例（部分）

根据任务完成情况，学生自评、小组成员之间互评，填写工作评价表 P-1、表 P-2，由组长最后填写小组内成员互评表。

5. 知识拓展与课后实训

（1）课后通过学习，思考办公室平面设计方案流程，将步骤写在下面。

第一步：_____

_____

第二步：_____

_____

第三步：_____

_____

第四步：_____

_____

（2）通过网络调研，收集不同风格的联合办公空间设计作品，分析其风格特点，界面设计、陈设设计等。

（3）以交通流线图表现空间组合方式，课后绘制联合办公空间交通流线图。

（4）完成联合办公空间界面设计，概念草图绘制；绘制联合办公空间概念草图。

（5）联合办公空间界面、材料、色彩及陈设设计，绘制联合办公空间计算机效果图，表述方案设计思维。

工作领域 4：设计汇报与成果展示

1. 任务思考

课前学习设计汇报的内容，学习设计汇报技巧，回答以下问题。

引导问题 1：设计汇报的主要内容有哪些？写在下面。

_____

_____

_____

_____

_____

引导问题 2：把本项目简要设计说明写下来，500 字左右。

_____

_____

_____

_____

_____

素养提升

　　早在古代，中国的哲学家就提出了"天地与我并生，而万物与我为一"（《庄子·齐物论》）的重要的生态哲学思想。其中，以老子和庄子为代表的道家学派对人与自然的关系进行了深入探讨。办公空间是人们长期工作的环境，人性化办公环境可以和谐人与办公环境之间的关系，更加激发员工的工作干劲，从而提高工作效率。因此，人性化办公环境值得设计师去研究和提倡。

2. 任务实施过程

　　"工作领域 4：设计汇报与成果展示"工作任务实施见表 2-12。

表 2-12　"工作领域 4：设计汇报与成果展示"工作任务实施

工作领域	工作任务	任务要求	工作流程	活动记录 / 任务成果
工作领域 4：设计汇报与成果展示	任务 2-4-1 成果汇报，学生评价	每组对自己所设计的项目汇报	步骤：设计项目汇报	项目汇报 PPT
	任务 2-4-2 项目总结，教师点评	1. 设计团队项目总结。2. 对项目实施过程的任务完成情况进行评价及总结。3. 教师与企业导师点评。4. 课后继续拓展学习与知识测试	步骤 1：设计团队项目总结。步骤 2：教师与企业人员评价。步骤 3：课后拓展学习	1. 项目总结报告。2. 讨论笔记

3. 任务指导

　　（1）由于课时有限，课后完成设计方案成果编制，汇报文件准备。

　　（2）写下概念方案汇报文本的主要内容，可以用文字目录的形式。

　　（3）通过多媒体手段汇报阶段性设计成果，在汇报过程中组织好内容，语言简练，重点突出。

4. 任务实施评价

　　根据任务完成情况，学生小组成员之间互评，填写工作过程评价表 P-1、表 P-2，由组长最后填写小组内成员互评表。

5. 知识拓展与课后实训

　　课后自主探究，学习办公室常用装修材料，掌握室内装修的新材料质量的要求。

办公室常用装修材料

2.7　项目评价与总结

2.7.1　综合评价

1. 撰写设计项目总结，分析设计中遇到的问题与解决方法。

（1）课后实训，在下面写下本项目的设计总结，400字左右。

_____

_____

_____

_____

（2）课后实训，在下面写下本项目实训中遇到的问题及解决对策。

_____

_____

_____

_____

2. 下载"项目各类评价表"二维码中的表格，打印后填写项目评价表。

（1）学生对项目实施及任务完成情况进行自评、小组成员互评，填写评价表P-3：项目综合评分表（学生自评、互评）。

（2）教师及企业专家对每组项目完成情况进行评价，填写评价表P-4：项目综合评分表（教师、企业专家）。

项目各类评价表

2.7.2 项目总结

本项目主要学习办公空间功能布局与交通组织、办公空间设计招投标及招标文件内容，掌握办公室室内界面的处理方法、办公空间的形象塑造等知识。了解联合办公空间概念，了解联合办公空间的租客需求、联合办公空间的设计原则、联合办公空间的设计策略，掌握联合办公空间的设计方法。通过研究共享办公空间的平面布局规划、主题风格、色彩、灯光、材质及人体工程学原理等设计因素，最后设计出环境舒适、轻松、高效的联合办公空间。

2.8 知识巩固与技能强化

2.8.1 知识巩固

1. 单选题

（1）绘制气泡图的主要目的是（　　　）。

　　A. 分析空间中各区域的关系　　　　　　B. 空间具体设计

　　C. 分隔空间　　　　　　　　　　　　　D. 布置家具

（2）（　　　）空间为私密空间，适合用墙体来分隔。

　　A. 休息区　　　　B. 接待区　　　　　C. 财务办公室　　　D. 开敞办公区

（3）接待区主要是为（　　　）服务的。

　　A. 普通员工　　　B. 来访人员　　　　C. 部门主管　　　　D. 高管

（4）（　　　）会议室空间，组成会议室的各界面完全围合，与其他空间隔绝。

　　A. 非封闭型　　　B. 封闭型　　　　　C. 开敞型　　　　　D. 通透型

2. 多选题

（1）办公空间从设计到装修，主要的工作流程分为（　　　）几个阶段。

　　　A. 设计准备　　　　B. 方案设计　　　　　　C. 施工图设计　　　　　D. 草图构思阶段

　　　E. 概念设计

（2）联合办公空间的办公区域可以分为（　　　）。

　　　A. 合作式办公区　　B. 开放式办公区　　　　C. 随机式办公空间　　　D. 独立式办公区

2.8.2　技能强化

课后强化手绘效果图绘制，抄绘 3 张办公室手绘透视效果图。

※ 笔　记

记录设计讨论、设计构思、设计草图、设计文案等，电子作品可打印后粘贴到此处。

_____

_____

_____

_____

_____

_____

_____

_____

_____

_____

_____

_____

_____

_____

_____

_____

_____

_____

_____

项目3 | 景观办公空间设计

3.1 项目导入

　　本项目为一家金融科技公司，公司理念是"努力地工作，生活得更好"。业主希望为培养、激励和吸引优秀人才提供良好的工作环境，营造一个以园林景观为主题的办公室，突出公司的企业文化特征，让来访的客人有舒适的接待区，让公司员工在高强度的工作之余能够在景观优美的休息区放松心情。

3.2 项目分解

3.2.1 项目全境

　　景观办公空间设计项目思维导图如图 3-1 所示。

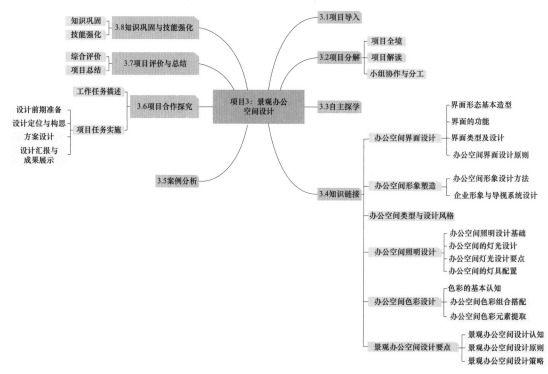

图 3-1　景观办公空间设计项目思维导图

3.2.2　项目解读

景观办公空间设计项目说明见表 3-1。

表 3-1　景观办公空间设计项目说明

概况与要求		项目说明
建筑条件		本项目为某金融科技公司新办公室的室内空间设计。该建筑位于北京市，为上下两层，层高为 3.4 m，建筑面积为 500 m² 左右，全木主体结构实现了建筑与材料的自然融合，相比混凝土和钢材，木结构在生产过程中所需的水和能源都要少。梁、柱结构全部暴露在外，以减少饰面的需求量，也为室内空间带来了极富韵律的节奏感　　（建筑原始平面图）
客户要求		1. 业主提出办公空间设计在解决基本功能的同时，满足员工舒适、放松的心理需求与审美需求；为员工创造具有幸福感的办公环境，促进员工之间的交流与创新思维。 2. 尊重自然环境，减少对自然环境的污染，降低能耗，减少建筑对自然的压力，充分利用自然资源与再生材料。创造高质量办公空间，打造兼具设计美学、优质环境和高效率的办公空间。 3. 依据国家行业标准设计，在满足客户接待与内部员工办公基本功能的基础上，合理规划空间，达到高效工作的目的。 4. 主要功能空间包括前台区域、数据分析部、业务部、推广部、财务部、人事部门、办公行政等，要求空间动静、公私分区要明确；设计方案应体现以人为本的原则。 5. 设计风格以简洁、时尚、自然为主格调，要美观、舒适。装饰设计要突出时代性，体现轻装修、重装饰的设计原则。需要绘制设计概念草图方案与客户沟通。 6. 装修材料要环保，装修费用控制在客户预算以内
学习目标	知识目标	1. 了解办公空间界面设计。 2. 掌握办公空间的形象塑造。 3. 掌握办公空间类型与设计风格。 4. 掌握办公空间的照明设计。 5. 掌握办公空间的色彩设计。 6. 掌握景观办公空间设计知识
	技能目标	1. 具备资料收集、分析问题与解决问题的能力。 2. 具备对办公空间平面方案优化的能力。 3. 具备手绘及计算机表达能力。 4. 具备景观办公空间的设计能力
	素质目标	1. 坚持遵守国家设计规范及行业法规。 2. 具有团队合作、与人沟通的能力。 3. 自觉弘扬民族文化，倡导民族精神。 4. 具备一定的创新意识与创新能力

3.2.3　小组协作与分工

根据异质分组原则，把学生按照 2~3 人成组，小组协作完成工作任务，并在表 3-2 中写出小组内每位同学的专业特长与主要任务。

表 3-2　项目团队任务分配表

项目团队成员		特长	任务分工	指导教师
班级				学校教师
				企业教师
组长	学号			
组员 姓名	学号			
	学号			
	学号			
备注说明				

3.3　自主探学

课前自主学习云课堂中的知识点，观看教学视频与 PPT，完成以下问题自测。

导入问题 1：写出你对景观办公空间的理解。

导入问题 2：办公空间地面装饰材料主要有哪些?

导入问题 3：办公空间界面设计原则有哪些?

3.4　知识链接

3.4.1　办公空间界面设计

办公空间界面的设计原则是突出现代、高效、简洁与人文的特点，还需考虑灯光照明、材质、色彩、氛围营造等方面的处理（图 3-2、图 3-3）。

图 3-2　某办公室的灯光膜顶棚设计（戴文）　　　图 3-3　某办公室的木制材料墙面设计

1. 界面形态基本造型

界面形态设计的基本要素有点、线、面、体，界面形态塑造离不开这些基本造型元素，这些元素被应用于界面设计与室内空间中，能解决办公空间形态造型问题。

（1）点的运用。室内空间中的点随处可见，体积较小的空间形态都可以称为点，点在空间中起到视觉焦点或明确位置的作用。点在空间中的状态是静态的、无方向的。例如，一幅装饰画、一个灯具，都可以认为是空间中的点，因为在空间中它们的体型足够小。办公空间还运用点的形状、大小、疏密的变化来设计，如点的组合阵列、位置变化（图 3-4、图 3-5）。

图 3-4　由点的阵列设计的界面设计

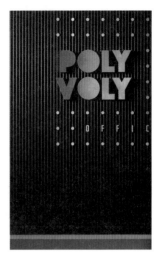

图 3-5　点线面共同构成的界面设计

（2）线的运用。办公空间中最常见的线是垂直线和水平线。垂直线可以限定空间的位置，表示竖向或平衡的状态。以直线为主的空间造型显得现代、简洁，但是过于简单规整的垂直线会使人感到单调与冷漠，因此，办公空间的曲线运用比较广泛，曲线造型的空间活泼灵动。抛物线流畅悦目，富有速度感；螺旋线具有生长感与升腾感；圆弧线有向心的力，规整且稳定。斜线具有变化与不安定感，在视觉上具有活跃的动感（图 3-6）。

（3）面的运用。办公空间设计中的直面最为常见。单独的直面显得较为呆板、生硬、平淡无奇，但不同色彩、肌理、材质的直面组合后，也会达到活泼、生动的视觉效果。

斜面可以产生空间的透视感，为规整的空间带来变化，水平视线以下的斜面具有较强的引导性，而水平视线以上的斜面使空间显得低矮，具有亲近的感觉。曲面使空间表现形式更加活泼、流畅与舒展。办公空间界面设计具有流动性和明显方向，可以起到引导视线与行为的作用。

（4）体的运用。体是较为丰富的造型元素，具有尺度、比例、方位、表面、体量等特点，办公空间中的体主要有立方体、圆柱体、球体等，如梁柱、家具等。因为从视觉与心理效果来看，办公空间的体一般与线、面组合造型，起到主导的作用。

（5）点、线、面、体综合运用。大部分办公空间形象的塑造采取点、线、面、体综合组合的方法（图 3-7），因为综合使用这些元素会使造型更加丰富与美观，从视觉与心理上来看，效果都比较好。空间形象运用点、线、面、体造型元素的构成形式，结合色彩、材质、光照、肌理等设计要素，能够创造出丰富且有创意的办公空间环境。

图 3-6　斜线在办公空间设计中的应用
（学生习作　赵兴盛）

图 3-7　点、线、面、体在空间中的综合应用（戴文）

2. 界面的功能

界面之间的交错、连接、穿插将办公空间分隔成不同功能区域。界面之间的多种交错形成了与顶棚交接的顶角线和与地面交接的踢脚线，界面间连续转折的动态关系有助于把空间串联起来，加强室内空间的完整和统一。办公空间中的界面主要有以下三种功能：

（1）有些界面仅作为室内装饰性的装修覆盖。

（2）有些界面只是室内构造的本体。

（3）有些界面兼顾装饰和分隔空间双重功能。

3. 界面类型及设计

办公空间界面是指地面（楼面、地面）、侧墙（墙面、隔断）和顶棚（屋顶、顶盖）。办公建筑在空间尺度、建筑构成等方面的差异较大，其界面也极具多样性。界面设计是对土建完成的建筑内部的围合面的造型和材料构成进行二次改造，丰富的立面造型和立面装饰是界面设计的主题。

底界面是办公建筑中人们活动与各种设施的主要载体，能直接体现办公空间的基本功能。不同的底界面高度带给人的心理感受也各不相同。底界面的抬高可以划分空间（图 3-8），而降低的底界面有被保护的心理感觉，空间的围合感、亲切感、领域感更强（图 3-9）。

图 3-8 抬高底界面的景观办公休闲区　　　图 3-9 下沉底界面的景观办公休闲区

侧界面高度达到 150 cm，有围合感的作用，但空间仍保持连续性；高度达到 200 cm，具有强烈的围合感，且空间划分明确（图 3-10、图 3-11）。常见的侧界面有 L 形围合、平行围合、U 形围合（表 3-3）。

办公空间的顶界面有采光、通风、隐藏设备管线、安装灯光及装饰等作用，办公室的顶面、墙面处于室内较为显要的位置，其造型和色彩等方面的处理最好以淡雅为主，以营造宁静的办公氛围。

图 3-10　侧界面隔断高围合设计　　　　图 3-11　办公工位用低隔断围合（戴文）
（学生习作　唐超）

表 3-3　常见的侧界面围合布局形式

围合布局形式	布局特点
L 形围合	围合感较弱，一般利用家具陈设形成围合的空间，作为办公区静态的休息或交流空间
平行围合	具有较强的导向性、方向感，属于外向型空间，如走廊、过道等
U 形围合	有较强的围合感与方位感，即朝其中一个方向敞开，增加了空间的渗透感

◉ **思考与讨论** ·· ◎

对于办公空间的界面设计，有很多问题值得我们去思考，讨论并回答以下问题。

问题导入：办公空间界面类型有哪些？
_____
_____

分组讨论：高围合度隔断的特点，在哪种情况下需要采用高围合度隔断？
_____
_____

〔素 养 提 升〕

　　政府机关单位的办公空间界面设计通常比较简洁稳重，不浪费办公经费，设计风格一般采用现代简约与新中式等，不做奢华的设计风格。在墙面、走道等侧界面布置党史、廉政文化墙等设计，培养廉洁自律、诚信和谐等思想。

国网职工活动中心文化墙（界面）设计

4. 办公空间界面设计原则

　　办公空间界面的设计宜简洁，应考虑管线铺设、连接与维修的方便。界面造型是办公室设计的基础，处理好不同界面的过渡会使空间更具有个性。利用采光和照明是营造办公室空间氛围最主要的手段。

　　不同材料会呈现出不同的科技感、轻奢感或粗犷感，材料质感变化是界面设计处理的常用手法。界面的色彩和图案依附于质感与室内光影变化，色彩与图案可以塑造界面鲜明的装饰个性，从而影响到整个办公空间的氛围。

室内空间的界面包括垂直面、基面与顶面。界面的变化与层次主要依靠造型、材料、质感、光影、色彩、图案等要素的合理搭配（图 3-12、图 3-13）。界面形成和围合限定往往有多种表现形式，应遵循对比与统一、主从与重点、均衡与稳定、节奏与韵律、比例与尺度等艺术处理法则。

微课：办公空间室内
界面设计

图 3-12　某办公空间的木质界面设计　　　　　图 3-13　某办公室布帘软质材料界面设计
　　　　　　（材料要素）　　　　　　　　　　　　　　　　　（材料要素）

3.4.2　办公空间形象塑造

办公空间的形象造型包括界面形态、办公家具、隔断等元素的形态。造型首先要符合空间的整体设计风格，办公空间的形象塑造不仅要美观、时尚、创新（图 3-14），同时还要具有使用价值。

（a）　　　　　　　　　　　　　　　　　　　　（b）

图 3-14　时尚的办公室设计（学生习作　赵兴盛）

（a）示意一；（b）示意二

1. 办公空间形象设计方法

人们对办公空间环境的整体印象是一个视觉综合的过程。办公空间的整体形象可以通过主题法、主从法、重点法、色调法等多种方法来设计，通过点、线、面、体的组合排列，虚实对比组合来塑造形态设计，实现办公形象的树立、空间的分割组合、环境氛围的表达。可以通过以下这些方法营造（表 3-4）。

空间形象实际包含了两个层面的意义：一是空间的形式和形态，指构成空间的形体、色彩、光线等要素；二是由于空间形式、形态特征所造就的整体风格、审美价值和人们的心理感受。

表 3-4　办公空间形象设计方法

设计方法	主要设计内容
主题法	主题法就是在造型设计中以一个主要的形式进行有规律的形式变化，虽然空间造型有所变化，但是基本造型元素是不变的，保持空间的整体性和统一性
主从法	办公空间的造型要素由不同的体量、方向、尺度等组成，还包括材质、形态、光、色等元素。设计中不可能面面俱到，无论采用多少要素，都要做到主次分明。以一个重要的要素为主，其他要素为辅助，次要空间衬托主体空间，使主体空间的设计效果更加独特与吸引人
重点法	重点法即突出室内重点要素的办法。在室内空间中，重点突出的支配要素与从属要素共存，没有支配要素的设计将会因平淡无奇而单调乏味，但如果有过多的支配要素，设计将会杂乱无章、喧宾夺主
色调法	所谓色调法，是指办公空间的基本色调统一，办公空间的色调运用与办公环境气氛营造相关联，色调可以营造出柔和、庄重、活泼、雅致或轻松的办公环境，办公空间可以运用对比法和调和法来变化出千差万别的各种色调

2. 企业形象与导视系统设计

（1）企业形象设计。企业形象设计又称 CI 设计，CI 设计由理念识别（Mind Identity，MI）、行为识别（Behaviour Identity，BI）和视觉识别（Visual Identity，VI）三部分构成。

视觉识别（VI）设计是企业形象中最直接、最具有传播力和感染力的部分，容易被社会大众所接受。可以通过视觉识别（VI）设计将企业标志（LOGO）、标准字体、标准色彩、象征图案、标语、吉祥物、办公事务用品、陈列展示及企业经营理念标语等内容应用于办公空间中，在办公空间的色彩设计、界面设计等方面展示，透过视觉符号设计的统一化来传达企业精神与经营理念，有效地推广企业及其产品的知名度和形象。

（2）企业文化表达。企业文化表达的是企业的核心价值观、企业的精神财富，体现了企业独特的文化竞争力。一个优秀的办公空间设计除具有合理的空间布局与艺术美感外，更应与企业文化相结合，注重对企业文化的挖掘和表达，形成基于企业文化表现的办公空间设计。企业文化可以通过物化的设计手段展示，在设计中通过空间功能布局、景观营造、装修材料选择等展现，使其在办公空间中展现出来。

例如，环保企业，一般在材料上会选择低碳、节能、可循环的装修材料来体现公司环保节能的产品、服务、经营理念等企业文化。科技、设计类企业会通过办公区的色彩设计、陈设雕塑、景观营造等创造舒适怡人、自由灵动且利于减压的空间环境氛围，使员工放松身心，激发员工的创造力与想象力，同时也展现企业积极向上的精神面貌。

（3）导视系统设计。办公空间的导视系统要求清晰、准确、简洁，达到导向的目的。能够与企业 VI 设计一致，与整体风格搭配，传递鲜明的企业形象。在设计上具有美观性，色彩、字体、版式构成上体现专业的审美特点。

导视系统摆放方式分为粘贴式、站立式、招牌式三种类型，最常见的是粘贴式（图 3-15）。

图 3-15   办公空间的导视系统设计

3.4.3   办公空间类型与设计风格

风格的设计对办公空间来说至关重要，办公空间的设计风格一般根据企业的经营理念、产品、行业等选择。一个公司的文化历史可以通过设计风格来体现。空间的风格分为多种，它们适合不同企业性质与设计风格（表 3-5）。

表 3-5   不同企业性质与设计风格特征

办公类型	常用的设计风格
政府部门、事业单位、国企、央企等	设计风格偏向稳重、简洁，也有部分单位选择具有地域特色、文化传承的设计风格。选择现代风格、新中式风格比较多
装饰工程、广告咨询、设计创意类	设计风格要有时尚、前卫的感觉，给人一种创新、有活力的感觉，让人感到企业的与时俱进和别具一格（图 3-16）
文化艺术团体与企业单位	突出具有文化感、历史感的设计元素，设计风格具有浓郁的文化气息
高科技、电子类科研单位及企业单位	倾向于金属感和科技感的设计元素，设计风格让人感受到科技的发达、电子产品的先进性
环保产品、能源类科研单位及企业单位	界面造型倾向提取自然、仿生的形态，选择环保、质朴的装修材料，营造一种简洁、自然、放松的风格（图 3-17）
产品生产与销售企业单位	根据企业的业态及所经营的产品来选择设计风格，风格多元化，营造个性化、简洁、时尚，具有现代感的办公空间环境

调查研究

通过网络调研，了解科技公司、金融公司、设计企业的办公空间形象的特点，思考以上几种办公空间选择何种设计风格比较合适，组织小组讨论，各组派代表发言。

图 3-16　广告咨询企业的经理办公空间　　　　图 3-17　环保企业办公空间的接待区
（学生习作　王宁）　　　　　　　　　　　　（学生习作　高天馨）

3.4.4　办公空间照明设计

良好的办公照明不仅能够满足办公室的照明需求，而且能直接影响到员工的工作效率。设计合理且充足的照明能让员工感觉更舒适，同时可以降低出错率并缓解用眼疲劳。办公室的照明设计仅靠直觉来布置灯光显然是不够的，需要用更加科学、理性的思考与计算方法处理照明问题，提高办公空间的照明质量，顺应环保节能的设计要求。

国家标准《建筑照明设计标准》

1. 办公空间照明设计基础

灯光设计对室内的主题打造、焦点的突出及氛围营造有很强的催化作用，并能加强室内空间设计的层次感。在进行灯光设计前，首先要确定灯光类型，其次是明确照明方式。

（1）灯光类型。灯光类型主要分为环境光、轮廓光、焦点光 3 种。

1）环境光：环境光是照明范围最大的常规光源，人们看不见直接光源和方向，具有柔和的光照。

2）轮廓光：轮廓光主要是强调墙壁、顶棚板等的轮廓，营造空间的层次感，还可以增添室内的美感。

3）焦点光：焦点光相对照明范围小，光照集中，主要用来营造局部的氛围。

（2）办公空间的照明方式。照明方式主要分为一般照明、局部照明、混合照明和重点照明。

1）一般照明。一般照明是指为照亮整个场所而设置的均匀照明（图 3-18）。分区一般照明是指同一场所的不同区域有不同照度要求时，为节约能源，根据照度该高的区域高、该低的区域低的原则，分区采用一般照明。

2）局部照明。局部照明是指特定视觉工作用的、为照亮某个局部而设置的照明。通常将照明灯具装设在靠近工作面的上方，但在长时间持续工作的工作面上仅有局部照明容易引起视觉疲劳（图 3-19）。

3）混合照明。混合照明是由一般照明与局部照明组成的照明。对于局部作业面照度要求高，但作业面密度又不大的场所，假设只采用一般照明，会大大增加安装功率，因而是不合理的，应采用混合照明方式，即增加局部照明来提高作业面照度，以节约能源，这样做在技术经济方面是合理的（图 3-20）。

4）重点照明。重点照明（射灯）是直接位于突出对象（如绘画或雕塑）上方的光源，需要突出显示某些特定的目标，采用重点照明提高该目标的照度。办公空间主要用于照射挂画、雕塑、展示品及企业形象墙的企业标志等。但需要注意照度，因为在直接光照射下，物体温度会上升（图 3-21）。

图 3-18 开放式办公区的一般照明

图 3-19 休息区的台灯为局部照明（学生习作 高天馨）

图 3-20 办公空间大厅的混合照明
（学生习作 高天馨）

图 3-21 墙面射灯为重点照明
（学生习作 高天馨）

2. 办公空间的灯光设计

（1）办公空间光线选择。我国一直倡导节约型社会，办公空间照明设计中的节能要求也日益受到重视，照明的质量不是单纯以照度、光色、光亮度直观感受为评价标准，在保证灯光照度的前提下，节省办公电能、提高用电效率成为评价照明质量的又一重要参考。

在办公空间中，灯光的强度、冷暖、色温、角度等因素影响室内色彩带给人们的印象和感受。办公空间的光线主要来源于户外的自然光线与人工照明，光照的设计不仅需要满足办公空间的工作需要，还需要考虑有装饰的作用。

（2）办公空间灯光色温选择。办公区域的色温不能太暖，因为暖光较容易使人心态放松，会产生慵懒、犯困的感觉，导致员工精神不集中。在办公区域宜选择中性光或偏冷的光色，因为冷光源让人感觉比较清爽，容易集中注意力。

2 800 K 色温，一般适用于高层领导办公室。

4 000 K 色温，适合办公室的茶水区和休闲区、阅读区域（图 3-22）。

5 000 K 色温，比较明亮，适合办公室的开放普通办公区（图 3-23）。

色温有温光源 1 800 K 至冷光源 16 000 K（图 3-24）。

办公室的开放办公区适用色温 5 000 K 左右的白日光，白日光显色较真实，照射的对比较大，趋向太阳光、色温偏冷，所以适用于工作性质的照明，环境光源较明亮清晰，可以提振精神；休闲区适用于色温 4 000 K 左右的黄光。黄光因为色温的关系，有视觉温暖的感觉，以及照明的对比较小，适合在拉近人际关系、营造空间氛围上的塑造。

图 3-22　洽谈室适合暖光源（暖色光源）

图 3-23　办公室冷光源（冷色光源）

（3）办公空间的显色指数。显色指数是指物体用该光源照射和标准光源照射时，其颜色符合程度的量度，也就是颜色逼真的程度。通常来说，显色指数值越高，则显色性越好。反之，显色指数值越低，显色性表现越差。显色指数在 80 左右时会使人更为舒服，更有利于开展工作。

（4）办公空间照度标准。照度是指被照面单位面积上所接受可见光的光通量的多少，单位为 l x，1 lx=1 lm/m²，人们常说的工

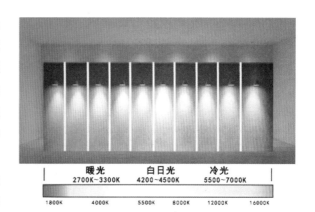

图 3-24　暖光到冷光的色温图谱

作桌面够不够亮，通常就是指照度够不够。同样面积的情况下，光源的光通量越高，也就是流明值越高，照度就会越高。一般而言，若要求灯光环境很明亮、清晰，照度的要求也越高。

国家规定办公区的照度标准值为 300 lx。一般空间照明亮度不少于 200 lx，局部照明亮度不少于 600 lx。具体见国家标准《建筑照明设计标准》（GB 50034—2013）（表 3-6）。

表 3-6　办公建筑照明标准值

房间或场所	参考平面及其高度	照度标准值 /lx	UGR	U_o	R_a
普通办公室	0.75 m 水平面	300	19	0.60	80
高档办公室	0.75 m 水平面	500	19	0.60	80
会议室	0.75 m 水平面	300	19	0.60	80
视频会议室	0.75 m 水平面	750	19	0.60	80
接待室、前台	0.75 m 水平面	200	—	0.40	80
服务大厅、营业厅	0.75 m 水平面	300	22	0.40	80
设计室	实际工作面	500	19	0.60	80
文件整理、复印、发行室	0.75 m 水平面	300	—	0.40	80
资料、档案存放室	0.75 m 水平面	200	—	0.40	80

注：此表适用于所有类型建筑的办公室和类似用途场所的照明

灯光色温

显色指数

（5）不同区域的灯光设计。办公空间的不同功能区的工作要求及使用对象都不相同，因此，不同的区域灯光设计要求及灯具也要区别对待（图3-25～图3-28）。

图3-25 洽谈室灯光设计（戴文）

图3-26 开放办公区灯光设计（戴文）

图3-27 某办公室休闲区环形灯带照明（戴文）

图3-28 电话间灯光设计（戴文）

各区域的灯光设计要求及灯具配置。办公空间的功能区域主要有前台、开放办公、休息区、会议室、洽谈区等，不同的区域灯光的照度、光色等各不相同（表3-7）。

表3-7 办公空间各区域的灯光设计要求表

办公区域	灯光要求	灯具配置
前台	企业的前台区域是公司的门面，是展示企业形象、企业文化的区域。照度可以明亮些，普通办公室的照度要达到300 lx，高档办公室要达到500 lx[根据《建筑照明设计标准》(GB 50034—2013)的要求]	灯具造型选择有设计感，多样化，依照办公空间整体的装修设计风格和公司定位，确定与之相符的照明方式；基础照明采用筒灯散点布灯，企业形象墙需用导轨射灯做重点照明，以凸显企业形象、文化
开放办公区	开放办公区面积的比例较大，注重照明的实用性；照明需考虑均匀性、舒适性，工作台区域上方尽量有相应的明亮的灯具照明	灯具造型简单，核心区域通常用条形灯具（平板、面板、线型灯）或软膜顶棚吊顶照明。通常采用间距统一、均匀布灯的方式，一般每两个对坐工位顶部设置1盏灯；单排工位每个工位设置一盏灯，不要有明显的阴影、光斑，并减少眩光。文化墙则需要通过射灯进行重点照明

续表

办公区域	灯光要求	灯具配置
独立办公室	独立办公室一般为管理层领导等所使用，通常有工作区与洽谈区两个区域；洽谈区的灯光柔和，营造亲切感；工作区域要求的照度相对较高，桌子上方的顶部设置亮度较高的灯具，对工作面进行重点投光，其余部分进行辅助照明	简单的洽谈区上方两到三盏筒灯即可，较豪华的总经理室、董事长办公室等，可以装饰吊灯、吸顶灯等艺术灯饰，墙面的艺术品、挂画、盆栽，进行射灯重点打光；工作区采用漫射格栅灯、灯光膜、长条灯或防眩光的筒灯等较亮的灯具；若有阅读习惯，办公桌配置台灯等局部照明的灯具
会议室	会议室的照明主要集中在会议桌的上方，这样会使人注意力相对集中，照度要合适，周围可加设辅助照明	顶部灯具主要有吊灯、射灯、条形灯具、艺术造型灯具等，灯具的形状、大小根据会议桌的尺寸与形状来选择，还要结合顶棚装饰结构，可采用隐藏式筒灯或灯带，突出会议室的光影效果，减轻室内压抑感；墙面暗藏灯带作为辅助照明
休闲区	休闲区需要为员工提供工作之余的休息与放松空间，因此以舒适、柔和的灯光为主，照度不要太高，防止眩光	灯具造型可以采用造型活泼的装饰性灯具，能够起到烘托环境的氛围
会客区	会客区的照明主次分明。灯光氛围以柔和、亲切、舒缓为主，营造温馨、和谐的氛围，拉进与客户的关系	顶面灯具选用显色性好的筒灯；业务洽谈区要凸显墙面上的企业文化或海报，通过可调节射灯角度来增加墙立面亮度；产品展示柜的顶部或柜子上方，用射灯、牛眼灯等灯具做重点照明，烘托产品的高品质、肌理质感与色彩
公共交通区域	公共交通区域作为各空间的衔接区域，也不会有人长时间停留，灯具一般照度控制在 200 lx 左右，照度无须太高，基本能照亮即可	在吊顶上装置隐藏式的面板灯或较为节能的筒灯，也有一些是结合顶部、墙面造型的暗藏灯带，可以起到引导交通的作用

3. 办公空间灯光设计要点

办公空间合理的灯光照明要满足以下几点：

（1）光线要健康舒适，最理想的状态就是接近自然光，明亮而不刺眼，能够给人自然、舒适的感觉（图 3-29）。

（2）合适的照度才能让员工感觉舒适，照度太低让人昏昏欲睡，照度太高容易让人疲劳。

（3）灯具的安装位置要科学合理，以避免产生对人有影响的直接或间接性眩光；可用漫射透光和遮光的方法来控制光源或采用条形灯具（平板、面板、线型灯），使工作空间光线均匀，减少眩光。

（4）了解不同区域的灯光需求，做好合理搭配。

图 3-29　明亮的色彩扩大空间

（5）开放式办公区域在照明上应结合均匀性、舒适性的设计，让员工劳逸结合。如果室内光线分布不合理、照度不足或配光不均匀，工作区域环境和视觉目标之间会形成较强的明暗对比，在此环境下长时间作业会使人视觉疲劳。

4. 办公空间的灯具配置

灯具的造型选择如下。

（1）条形灯具。大部分公司的办公桌都采用长方形的设计，这种情况下最适合使用条形灯具（平板灯、格栅灯、面板灯、线性灯）。这样的灯光亮度高且不会太刺眼，照射面积均匀（图 3-30）。

（2）圆形灯具。休闲区一般选择圆形灯居多，这里的灯光照明亮度就不是那么重要了，主要是灯光柔和，能够让人心情放松。而且圆形相较于棱角分明的办公区家具，也能软化空间氛围。

（3）异形灯具。茶水区或者咖啡吧可以选择电光灯和造型灯。形状各异的灯具能够烘托休闲放松的氛围。灯光设计就是体现设计灵魂的手段。根据不同的空间、不同的场合、不同的对象选择不同的照明方式和灯具，并保证恰当的照度和亮度（图 3-31）。

办公空间的照明方式

办公空间的照明亮度
计算方法

办公空间布灯方式
（图解）

图 3-30　长条形灯具　　　　　　　　　　图 3-31　异形灯具

3.4.5　办公空间色彩设计

色彩是影响办公空间设计效果的重要元素之一，为了达到满意的办公空间环境设计，合理搭配界面及色彩是设计师的基本功，设计师可以通过了解色彩的视觉效果及色彩的生理、心理效果来设计，根据光与色彩的结合营造办公空间丰富的视觉效果。

1. 色彩的基本认知

（1）色彩的作用。色彩对于空间是十分重要的，人们进入一个室内空间，留下深刻的第一印象及最深刻记忆的往往是色彩，而物体具体的形态则相对较弱。色彩对营造办公空间气氛起到关键的作用，能凸显办公环境的气质或格调（图 3-32）。办公空间界面的色彩处理直接影响到员工办公的情绪。例如，人们长期处于一个艳丽的红色氛围，会思想活跃，具有创新性。所以，很多科技类、设计类的企业的办公室会选择比较活泼的色彩来设计（图 3-33）。但是长期处在这种环境，也会造成焦躁的情绪，容易激动。

（2）色彩与视觉效果。

1）色彩的冷暖感。色彩在色相环中可以分为冷色调与暖色调，暖色调使人感觉热烈、激情、生动；冷色调让人觉得冷静、安静、素雅。色相环中最暖的颜色是橙色，最冷的颜色是蓝色，无彩色系的黑白灰中灰色则属于中性，白色较冷，黑色较暖。

图 3-32　会议室色彩设计（学生习作　孙柳）　　　图 3-33　洽谈室的色彩搭配（学生习作　陈豪）

2）色彩的距离感。在办公空间设计中，同一视距条件下，暖色调、明亮色、纯度高的色彩给人前进、亲近的感觉，暖色还可以使大空间紧凑，显得温暖、舒适。冷色调、深色调、纯度低的色彩给人疏远、后退的感觉。

3）色彩的尺度感。明亮的色彩具有扩大空间的作用（图 3-34），而深色具有收缩空间的感觉，因此，在办公空间设计中，面积较小的办公室往往选择暖色调、明亮色、纯度高的色彩，使空间看起来扩大，有膨胀的感觉（图 3-35），而低明度色、低纯度和冷色调有缩小空间的感觉。

图 3-34　明亮的色彩扩大空间　　　　　　　图 3-35　明亮的界面色彩扩大空间

微课：办公空间色彩的物理效应

微课：办公空间色彩设计基本知识

色彩与生理、心理效果

4）色彩的重量感。明度决定色彩的重量感，高明度色彩给人分量轻的感觉，相反，低明度色彩给人厚重感。在所有色彩中，白色最轻，黑色最重；在办公空间设计中，为了避免头重脚轻，一般采取上浅下深的设计原则。例如，顶面比墙面略浅，墙面比地面略浅，个别特殊风格与个性化设计案例除外。

5）色彩的软硬感。色彩的软硬感与明度、纯度有关。通常明度高、纯度低的色彩给人柔软的感觉（图 3-36），低明度、高纯度色系具有硬感。纯度越高，越让人觉得生硬，纯度越低，越具有柔软的感觉；色彩对比强烈显得比较生硬（图 3-37），对比弱的色调显得柔软。

（3）色彩与生理、心理效果。色彩的冷暖、色调选择直接影响办公空间的整体效果，同时也影响着人们的生理和心理活动。研究色彩与生理、心理效果对办公空间设计具有重要的意义。

2. 办公空间色彩组合搭配

在办公空间中色彩的色相、明度、纯度对空间环境具有较大的影响，主要体现在色彩的冷暖、明度等方面，来构成视觉上的变化。界面在空间中所占面积较大，对人的心理影响也较大。界面的颜色首先体现空间的主色调，其次是陈设与装饰品等辅助色彩的搭配。

图 3-36　低纯度配色

图 3-37　高纯度配色

色彩搭配是指将色彩分类、重构，可以达到调和的视觉效果。色彩搭配的原则首先考虑色彩的和谐关系，然后通过色彩的关系、比例、节奏等相互协调才能达到较理想的色彩搭配的结果。

色彩搭配强调色与色之间的对比关系，以求得均衡美。设计时可以通过相邻色、近似色、中差色、对比色、互补色等多种类型的色彩进行对比。一般色彩对比组合时都有一个主色调，以保持画面的整体美感，再对比其他的颜色。办公空间的色彩对比主要有色彩色相对比（图 3-38）、色彩明度对比（图 3-39）、色彩纯度对比、色彩冷暖对比、有彩色与无彩色对比（表 3-8）。

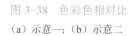

图 3-38　色彩色相对比
（a）示意一；（b）示意二

图 3-39　色彩明度对比（学生习作　陈豪杰）

表 3-8　办公空间的色彩对比

对比类型		色彩对比效果
色彩色相对比	同类色	在色相环中相距 15°，同类色对比是最弱的色相对比，视觉效果内敛、朴素，通常结合纯度与明度的调整来增加变化
	邻近色	在色相环中相距 30°，所产生的配色效果往往有统一、典雅的效果
	类似色	在色相环中相距 45°，是比较弱的一种对比，所产生的配色效果往往比较和谐、雅致
	中差色	在色相环中相距 90°，这种对比属于中庸的对比，既能通过对比丰富画面，配色又美观协调
	对比色	在色相环中相距 120°，对比色由于色彩差异比较大，通常产生的视觉效果比较浓烈、兴奋
	互补色	在色相环中相距 180°，互补色对比是色相对比的极端，刺激而强烈的效果具有视觉冲击力

续表

对比类型	色彩对比效果
彩色明度对比	明度对比是由色彩之间的明度差异所形成的对比。在所有的对比中，明度对比的效果最好，明度可以脱离色相、纯度后依然独立存在，这种配色使空间界面及造型线条清晰，对比强烈
彩色纯度对比	纯度对比是由色彩之间纯度差异而形成的对比，纯度对比能够为配色效果添加变化。纯度对比根据不同的纯度差而产生强弱之分，不同的纯度对比可以带来不同的视觉印象。这种配色的空间色调柔和、清新，适合高雅的环境
彩色冷暖对比	冷暖色调可以互为对比，冷暖色调在一起才能互相突出、互相衬托。暖色调为主色调的环境比较欢乐、愉快，冷色调为主色调的环境比较幽雅宁静。暖色调加上黑、白、金、银为辅色调，能达到富丽堂皇的视觉效果。冷色调加上黑、白、灰为辅色调，具有清新脱俗的效果（图 3-40）
有彩色与无彩色的对比	黑、白、灰、金、银被称为无彩色。无彩色具有统一调和的功能，无彩色对比在配色中最为常见。有彩色与白色搭配能够还原色彩的原貌，与黑色搭配则显得色彩更加鲜艳（图 3-41）

图 3-40　某远程会议室的色彩冷暖对比
（学生习作　陈豪）

图 3-41　办公休息区有彩色与无彩色的对比
（学生习作　陈豪）

3. 办公空间色彩元素提取

办公空间色彩搭配的来源很多，设计师可以从中国民间美术、民间工艺品、传统绘画中挖掘色彩元素，也可以从企业形象品牌中提取色彩来搭配。各民族、各地区都有自己的色彩语言，人文、服饰、建筑等也可以为设计师提供具有丰富民族特色的色彩。

在进行办公空间色彩搭配时，要依据设计需要，通过以上渠道去寻找色彩搭配，这样所设计出来的办公空间既能体现中国传统文化的内涵，又适合当代办公室的流行趋势。通过创新设计，为中国企业打造出具有中国特色的办公空间设计。

色彩元素提取主要分为三步：首先寻找色彩来源；其次进行色彩提取；最后是色彩应用。后续将通过任务实训进一步了解色彩的提取过程与应用。

3.4.6　景观办公空间设计要点

下面通过认知、原则、策略三方面知识，了解景观办公空间设计。

1.景观办公空间设计认知

人与自然的和谐关系已经成为当代人的精神追求，也是人们身心健康的重要因素。

（1）景观办公空间定义。景观办公空间是指注重人与人之间的情感愉悦、创造人际关系的和谐；通过对人的尊重，发挥员工的积极性和创造性，达到进一步提高办公效率的最终目标。通过对大空间的重新划分处理，形成新的空间效果和视觉感受。

（2）景观办公空间发展状况。

1）第一阶段：1940—1950 年，最早景观办公空间开始于 20 世纪 50 年代末的德国，这是一种推崇开放式，没有很多高大隔断的办公空间，不设单独的办公室，没有森严的等级。办公室布局灵活、随意。办公家具可移动组合，用屏风和绿植来分隔空间，重视人与人之间的互动与交往，设计目标为创造情感和谐的人际关系。

2）第二阶段：1968 年，名为"行动办公室 2.0"的组合办公家具的出现，标志着模块化和格子状的办公空间开始被应用。家具、隔断均为模块化设计，可以灵活拼接组装，运用家具和绿化小品等进行空间围合与灵活隔断。办公大楼中庭虽然种植绿植，但是仅供观赏，不让人们踏入景观区。这个时期的办公空间是相对集中的、有组织的管理模式。

3）第三阶段：在大力提倡环境保护的今天，景观办公室设计更多地融入自然、环保与节能的理念，有利于发挥员工的积极性和创造力。

当代的景观办公空间设计主要有三方面的特点：一是体现亲近自然，在室内布置较多的绿化植物，使人有置身室外庭院中的联想；二是办公空间装修时尽量使用绿色环保的装饰材料，使用对人体无害的无污染、易再生、无公害的天然材料或天然改性复合材料；三是采用天然照明及"绿色照明"，节约能源、能耗等。

（3）办公空间的景观设计元素。办公空间的景观元素主要有盆景、插花、绿色植物、水景、园林小品等。

1）盆景和插花，以桌、几、架等家具为依托，以景观植物为陈设与布置。

2）大中型室内绿色植物、水景、园林小品等为主要元素，通过种植各类植物、改造微地形，营造自然的办公环境、休憩场所的景观（图 3-42、图 3-43）。

景观设计元素

图 3-42　办公空间景观区植物布置
（学生习作　杨蒙）

图 3-43　办公区庭院休息区的景观设计
（学生习作　高天馨）

（4）景观在办公空间中的作用。景观办公空间既能满足使用功能、协调人与环境的关系，又具有美学欣赏价值，在满足人们生理与心理需求、优化环境、节约耗能等方面具有积极的作用。

1）人文关怀功能。对自然环境的需求是人类最基本的需求之一，在心理上渴望与自然亲近。现代人由于工作压力大、人际关系比较紧张，更加渴望舒适、放松且充满人情味的工作环境，来平衡工作压力与情感之间的关系。将园林景观等设计元素恰如其分地融入办公空间，给予工作者更多的人文关怀，创造一个意趣盎然的工作环境，帮助办公人群缓解压力与疲劳，有益于身心健康。

2）视觉美学功能。植物景观是视觉形态的一种，是人在空间环境中能被直觉感知的空间视觉艺术。景观办公空间应用植物造景艺术可以加强某种特定气氛的形成，强化公司经营理念与设计主题的体现。办公空间的植物景观可以成为空间区的视觉中心与活动中心，带给员工舒适、放松的感受。办公空间景观具体综合的艺术效果和艺术感染力，可以活跃办公空间环境氛围，增加办公空间的自然气息、人文气息及审美价值。绿植与花卉多姿的形态、柔软的质感和悦目的色彩等视觉形象元素处处体现艺术感与美感，构成良好的视觉效果（图 3-44），为人们带来视觉享受和身处大自然的舒适感，起到陶冶情操的作用。

3）柔化空间作用。园林景观素材具有优美的曲线、多姿的造型、柔软的质感和悦目的色彩，植物自然肌理为忙碌的都市人带来一种亲切、质朴的自然之感。同时，绿色景观植物可以凸显企业的主题形象，办公空间的形象塑造具有重要的衬托作用。绿色景观植物能有效柔化办公空间中坚硬、几何线条、冰冷的界面，继而创造出有创造力、更舒适、更高效的办公空间。

4）净化空气功能。首先，绿色植物可以调节空气湿度、增加空间中的氧气溶度，植物芳香中的抗菌成分可以较好地抑制办公环境中的细菌，促进人们的身体健康；其次，绿色植物可以减少空气中灰尘的含量，有些植物还可以吸附空气中的苯、甲醛、一氧化碳、二氧化硫等有害、有毒气体，能有效地改善办公空间的室内空气质量，保持空气的清新自然。

5）提高工作效率。自然环境可以调节人的疲劳机制与消除疲劳，将空气、阳光、水、植物等自然元素引入办公空间中，使人消除疲劳、减轻精神压力、增添情趣。植物多样性色彩和细腻质感给办公空间带来生机勃勃的环境，植物的芳香还可以调节人的神经系统，舒缓压力，提高员工的创造力、注意力和工作效率。

6）和谐人际关系。在精神方面，大自然可以熏陶人的情感和情操。景观办公空间通过营造休闲的气氛创造感情和谐的人际关系和工作关系。植物可以在大空间中形成相对独立的小空间，促进人与人、人与空间环境之间的和谐，促进工作人员与组团成员之间的紧密联系，营造顺畅沟通氛围（图 3-45）。

图 3-44　具有艺术感与美感的景观办公空间设计　　　　　图 3-45　具有休闲气氛的办公空间
（学生习作　杨蒙）

素养提升

　　"亲近自然、回归自然"是当代人的一种追求，是中国传统的"天人合一"朴素生态观，办公空间追求"人与自然的和谐共生"的设计理念，将自然材料、景观元素融入办公空间的这类表现手段，是人们崇尚自然及生态文明的思想表达。

2. 景观办公空间设计原则

　　在景观办公空间中需要遵循物质与精神融合、生态设计、文化传承、地域差异等设计原则。

　　（1）物质与精神融合原则。在办公空间设计中充分发挥景观优势，遵循室内室外景观交融的原则，将室外空间向室内空间延伸和过渡。所营造的室内景观与设计风格、员工的心理需求一致，营造温馨、舒适、身心放松的人与环境融合的办公空间（图3-46）。实现办公环境在物质和精神层面的需求，为员工创造一个人与环境融合的环境幽雅、充满人文关怀且高效的工作环境。

图 3-46　人与环境融合的办公空间

（a）示意一；（b）示意二；（c）示意三

　　（2）生态设计原则。办公空间的景观设计尽量利用自然光和自然通风等，利用自然资源创造良好的工作空间和生态环境，尽量减少能源损耗和控制办公成本，最终在节约办公室成本的同时实现人与环境的和谐（图3-47）。

微课：办公环境
设计

（a）　　　　　　　　　　　　　　　　　（b）

图 3-47　某银行总经理办公室的景观设计（戴文）

（a）示意一；（b）示意二

（3）文化传承原则。每个国家与地域由于环境差异、自然条件与人文历史的不同，都会形成各自地域性、差异性的传统文化。因此，在景观设计时首先要考虑传统历史文化的传承，例如，中国园林景观小品及中国画的山水意境在办公空间中的应用（图3-48），是设计师对中国传统文化传承与创新的一种物化表现，是借鉴中国古典园林艺术的意境表达，包含着中国传统哲学思想的传承。

中国传统文化中对自然界的植物赋予很多寓意与内涵，例如，岁寒三友松、竹、梅中的松柏象征长寿、竹子象征谦虚、梅花象征坚毅，这些植物常常出现在许多文人雅士的办公室的案头，传达了我国当代企业家对中国文化的自信，也是一种以物明志的表现形式（图3-49）。

图 3-48　办公室水景设计　　　　　图 3-49　中国园林景观元素在办公空间中的应用

调查研究

任务 1：通过网络调研，了解景观设计在办公空间中的作用。

任务 2：通过网络调研，思考如何在景观办公空间设计时传承中国传统文化，并进行小组讨论，小组派代表发言。

（4）地域差异原则。在景观设计中选择有地域性的乡土植物、石材和景观寓意小品等素材来表达所在城市、地域的文化特征。植物的生长养护需要考虑不同地域的光照、气温及环境条件。所以，乡土树种和本土植物移植后对环境适应能力更强，节约运输成本。

3. 景观办公空间设计策略

专家通过行为学的相关数据，证明了接触自然对人类健康及情感发展的必要性。同时，设计界对人类赖以生存的生态环境也给予越来越多的关注，对于设计与自然、生态环境结合方面的研究也越来越多，探索将大自然的植物引入办公空间室内环境中，创造适宜、高效的办公环境也是设计热点。

（1）景观设计元素运用。景观办公空间的主要设计元素除植物外，还有水景、山石、汀步、雕塑、灯具、景观构筑物等，具体见表3-9。

表 3-9   景观办公空间主要设计元素

类型	内容		
植物	植物是景观设计中不可或缺的设计元素，利用植物的形态、颜色、花卉、果实等来丰富植物景观的空间层次与色彩，满足人的视觉感受，能起到柔化空间、美化空间和围合空间的作用	可移动	办公室植物可以根据大小选择花盆、花槽、花池、陶罐等容器种植。中、小型植物花卉可以种植在花盆、陶罐与花槽等小容器中，灵活方便，便于移动与更换位置
		固定式	固定式的植物特别适合大型空间，一般为搬动不便的大型植物，被限制在特定花池及花坛中，平时可以采用补种、更换的方式，更换花卉及小灌木，大型植物一般种植后不会搬动
水景	水景是重要的景观设计元素，古人认为"有水则活"，水也象征着财富。水景象征着自然界中的河流、湖泊、瀑布、大海。宁静的池水、自由奔跑的小溪流、欢快的跌水，这些都让人们觉得生机盎然。水景可以调节小气候，保持室内的湿度。办公空间水景的面积不会很大，只能浓缩成水池、叠水等形式，动态的水流可以活跃办公建筑气氛		
山石	"掇山置石"是古典园林中师法自然、以石造景的常见表现手法。山石具有独特的形状、色泽、纹理与质地，石景与水景的结合是浓缩了的大自然的山水画卷。园林景观中会大量使用传统雅石造景，以石造景、以松喻人。山石造景可以为办公空间增添人文情趣和自然气息。山石造景的主要形式包括立石、假山、散石、石壁等，具体设计根据空间环境尺度予以配置，山石宜简不宜多，以"点景"的方式出现，起到烘托意境的作用		
汀步	汀步也称为"步石"，汀步可以铺在草地、碎石上，也可以设置在浅水中微露水面，供人涉水。在办公空间的休闲区也常常被应用，或圆或方，自由布置。现代景观办公室中汀步一般作为点睛元素，起到装饰性、点缀性的作用		
雕塑	雕塑可分为主题性雕塑、装饰性雕塑、纪念性雕塑和功能性雕塑等。办公空间的雕塑作品一般比较小巧，雕塑的尺度需与空间环境相适宜，雕塑主题的造型与设计风格相统一		
灯光	办公空间中的植物要进行光合作用离不开光。面积较大的窗户可以为喜阳植物提供充足的光照，使其保持良好的生长状态。有些远离窗户、比较暗淡的区域，对景观植物区域在顶面和墙面布置灯光，补充人造光照。还可以布置提供照明和营造氛围的地灯等装饰性灯具		
景观构筑物	在一些空间高挑的办公空间或办公大楼的中厅，也可以像室外景观那样设计一些景观建筑小品，如亭子、小桥、平台、栅栏等，景观建筑小品构筑不仅可以丰富景观层次，提高观赏质量，还可以形成视觉焦点		

（2）景观设计方法应用。景观办公空间设计是一种人为创造自然环境的过程，采用景观设计构景方式、结合空间功能布景、体现视觉形式美感、采用多元化景观元素、营造诗情画意的意境、造园手法古为今用等方法来营造舒适怡人的办公室景观环境。

1）采用多种构景方法。构景的构造方法多种多样，其中常见的手法可以从自然意境来体现景观，也可以模拟大自然景观，运用几何化构景结构形式表达景观等，小空间的景观设计则宜简洁（表 3-10）。

表 3-10   不同类型构景方法

类型	构景方法
模拟大自然景观	这是一种比较写实的构景方法，主要表现田园情趣和自然乐趣。构景手法自由、不拘一格。展示自然本身千变万化的植物形态与丰富的色彩美感。构景时常常运用对比的手法，采用体量对比、体态对比、虚实对比、色彩对比等，使室内主体景物突出、形态生动

办公空间植物的配置图表

续表

类型	构景方法
体现自然意境	这是一种追求自然意境的构景方法，构景手法简洁，以小见大。注重传情表意，通过景物赋予空间的寓意来表达精神境界。构景布局朴素、自然，强调景物表现的纯粹性和视觉的艺术性。如常见的"枯山水"表现形式，体现静寂的精神境界
几何化构景	办公空间的开放区往往采用对称、交织、转折、重叠、转换等抽象化、几何化的构景，体现秩序感与理性的自然形态。几何化构景手法可以淡化景物的自然特质，有清晰的逻辑秩序，具有自然景物人工化特点，精致简约
封闭空间景观	私人独立办公室比较封闭，不宜放置较多或高大的景观植物，可以在办公桌上放置小型的盆景、插花、水培植物作为点缀，以简洁为主

2）结合空间功能布景。植物景观在办公空间中具有空间组织、空间分隔、空间尺度调节及营造趣味性的作用。

景观在办公空间中具有交通组织、衔接过渡空间的功能，合理配置植物可以形成良好的交通流线，使办公空间的内部功能指向性更加明确（图 3-50）。

为办公空间提供趣味性交往空间。通过营造景观办公空间的景观趣味中心，引导人的聚集行为和交往行为，为人们提供有趣的休息、交往的空间。

植物的围合、遮挡、分隔等手法可以营造相对私密的休息空间（图 3-51），用植物的围合来设计一些私密性的休息空间，满足员工对独立休息、思考、工作空间的需求。

图 3-50　景观起到组织交通的作用

图 3-51　绿植起到围合空间的作用

3）体现视觉形式美感。视觉审美是人们最直观的体验感受，因而景观办公空间的景物设计可以通过统一与变化、对比与相似、对称与均衡、尺度与比例、韵律与节奏来体现形式美法则。通过植物形状、质感、色彩等造型元素构成美的秩序、以曲代直的诠释手法等造景。通过景观造型元素的一致性达到和谐统一的效果，还可以通过景观元素的形态、色彩、材质、高低、虚实、明暗的变化形成差异性与对比。

　　垂挂式绿植可以改善大空间空旷、生硬的空间感，为办公室使用者营造宜人、亲切的空间尺度（图 3-52）。

（a）　　　　　　　　　　　　　　　　　（b）

图 3-52　垂挂式绿植
（a）示意一；（b）示意二

　　4）采用多元化景观元素。综合使用掇山理水、莳花栽木、建造亭台等手法营造室内景观的自然之趣。植物、水、小品等多种景观元素的应用，地面草坪、蕨类植物结合青松、置石形成高低错落的景观组团，使每一个空间都能观赏到绿色和园林的风景。

　　5）营造诗情画意的意境。"智者乐水，仁者乐山"的山水园林景观，传递了中国文人墨客的人格精神。景观办公空间运用中国传统景观元素与造园手法，营造景观意境，将园林的造景语言呈现在办公空间的景观中，通过山野小景描绘了一幅中国山水情景的画卷，实现办公、自然与生活场景的融合。自然、通透是整个空间遵循的主题，景观营造模仿自然界的氛围，增强人与自然的联系，使人们犹如置身于宁静诗意的园林之中，在紧张的工作中使身心得到放松（图 3-53）。

（a）　　　　　　　　　　　（b）　　　　　　　　　　　（c）

图 3-53　人与自然相融合的办公空间
（a）示意一；（b）示意二；（c）示意三

　　6）造园手法古为今用。景观办公室通过设计潮流与中式古典园林的传统美学融合，营造充满人文与意境的工作场所，激发无尽的创造力。中国传统园林无限外延的空间视觉效果使游人无论动观或者静赏都能看到变化万千的美丽园林景致。可以运用流水、绿植等自然元素在办公空间内构筑一幅自然画卷，曲折的小径结合树木的遮挡，使空间开合有度，实现步移景异的动态景观体验（图 3-54、图 3-55）。

（3）景观办公空间功能规划分析。景观办公空间从私密性角度可以划分为公共空间与私密空间两大区域。

图 3-54　中国传统造园手法与未来科技元素的结合　　　　图 3-55　某企业冥想空间景观设计

1）公共空间：对外业务洽谈区（前台、客户接待区、业务洽谈区）、开放式办公区、员工休息区附属区域（储物区、卫生间）及交通区。

2）私密空间：管理层办公区、内部会议室、资料档案室、人事室、财务室等。

各个企业的景观办公空间的功能虽然有所区别，但是主要的分类有入口引导区域、公共活动区域、工作区（开放式办公区、独立办公区）等，见表 3-11。

表 3-11　景观办公空间功能分析表

区域	主要功能区		具体位置
入口引导区域	入口形象展示区	前台接待、公司形象宣传、企业形象展示	靠近入口大门，一般对着入口大门或者布置在大门的两侧
	会客区	洽谈区、接待区、贵宾室	洽谈区、接待区靠近入口前台，贵宾室设置在高层办公区附近
公共活动区域	休闲区	茶吧、咖啡区、休闲区、餐饮区、休息区	靠近开放式办公区域，方便员工使用，也可以布置在景观平台、阳台区域
	各类会议室	会客、讨论、开会	员工使用的会议室靠近开放式工作区，高层使用的会议室设置在高层办公区，供客户来访商洽业务的会议室可以布置在靠近入口的区域
工作区	开放式办公区	普通员工工作区	按项目组分区布置工作区、靠近员工休闲区
	独立办公区	高层领导工作区、重要部门工作区、档案室	需要安静与私密保护，一般在办公区远离入口、最靠里面的区域，或在走道的最尽头
附属交通区	附属区域	卫生间、储藏室	卫生间、阳台靠近员工活动区或角落
	交通区域	电梯厅、楼梯间、走廊、过道	各功能区域连接处

总结：通过学习景观办公空间的基本概念、景观在办公空间的作用、景观办公空间的设计原则，提出景观办公空间的设计策略。

3.5　案例分析

项目名称：某景观办公室设计（学生习作　王宁）
主要材料：水泥、木饰面、棉麻材质布艺、绿色植物
建筑面积：1 000 m² 左右

本项目建筑面积为 1 000 m² 左右，设计师将自然纯粹的本真在办公空间设计中展露，让自然的气质和积极的生活状态凝聚其中。办公室空间明亮、舒适，以白色为主基调、绿色植物点缀，营造出一种清新淡雅的感觉，以及放松、轻松、舒适的工作氛围。

入口圆形门洞，透着中式园林的韵味，又具有现代感，利用透明的玻璃门与外部形成互动（图 3-56）。进门后的小庭院景观设计虽然简单，但是可以看出细节的用心之处，小庭院旁设置休息区，供员工与访客在此休息。这个休息区相对隐秘，简洁的建筑结构彰显个性（图 3-57）。

几个小型的洽谈室用于接待客人，平时也可以用于员工开会讨论。洽谈室内绿植环绕，空间尺度紧凑，舒适的卡座设计，增加人与人的亲密关系（图 3-58、图 3-59）。

景观办公室开放式办公区的白色家具与绿色植物穿插摆放，在不同角度与距离之间形成视觉的层次感。顶面、墙面悬挂的绿植，为空间增添了自然元素，让来访者感受到企业特有的空间气质（图 3-60）。独立办公室地面、顶面自然材质与开放式办公室的风格一致，既安静又舒适。

员工的休息区以舒适与阳光为主题，以多元化的家具样式和色彩组合突破空间整体色彩带来的单一感，呈现颠覆性的视觉效果，跳脱的柠檬黄家具为员工提供源源不断的活力，为人与空间的日常互动增添乐趣（图 3-61）。

　图 3-56　景观办公室入口　　　　图 3-57　庭院休息区　　　　图 3-58　小型洽谈室 1

　　　　（a）　　　　　　　　　　　　（b）　　　　　　　　　　　　（c）

图 3-59　小型洽谈室 2
（a）示意一；（b）示意二；（c）示意三

图 3-60　景观办公室开放式办公区　　　　图 3-61　景观办公室员工休息区

3.6　项目合作探究

3.6.1　工作任务描述

景观办公空间工作任务描述见表 3-12。

表 3-12　景观办公空间工作任务描述

任务编号	XM2-3	建议学时	本项目共 13 学时，理论 6 学时，实训 7 学时
实训地点	校内实训室 / 设计工作室	项目来源	企业项目
任务导入	本项目是一个设计竞标项目，甲方为一家金融科技公司，建筑面积约为 1 300 m², 客户希望利用自然资源与材料，整合多种景观设计元素，打造兼具设计美学、优质环境和高效率的办公空间。设计风格简洁、时尚。需要完成办公室概念方案设计图册等设计任务，具体见设计项目任务书		
任务要求	任务实施方法： 调查研究法、案例分析法、比较分析法、讨论法、角色扮演法、项目演练、线上线下混合式教学、翻转课堂等 任务实施目标： 本项目的主要任务是完成一套景观办公空间的概念设计方案，首先明确目标与具体任务，明确业主设计要求；展开设计调研，选取中国景观元素、中国图案元素、中国文化元素等素材，作为后续设计的景观办公空间的设计元素；构思办公空间平面设计方案，完成平面图绘制；对各办公空间各功能区域进行计算机效果图设计，设计风格不限，要求在设计中应用中国景观元素、中国文化元素，体现中国传统哲学思想及文化 任务成果： 1. 完成全套景观办公空间的概念方案设计方案文本。内容包含设计方案说明、平面方案、顶棚方案、设计定位说明、主要空间设计的手绘及计算机效果图、主题配色构思、材料选择、设计风格、设计元素、家具软装设计等。 2. 景观办公空间项目汇报 PPT，将完成的设计调研、设计文件排版整理成设计项目汇报 PPT 文件。 3. 填写各类实训中的过程表格		

续表

课堂以知识点强化、讨论交流、案例分析、技能训练、辅导点评为主。由于课时有限，建议充分利用课前、课中、课后时间共同完成项目任务。设计前期准备、设计方案实施等部分项目任务实训在课后完成

	工作领域	工作任务	工作任务 / 相关资源	建议课内学时
任务实施流程	工作领域1：设计前期准备	任务 3-1-1 资料收集，任务解读	景观办公空间项目任务书	4.5 学时
		任务 3-1-2 设计调研，资料准备		
		任务 3-1-3 客户沟通，需求分析		
		任务 3-1-4 计划拟订，团队分工		
	工作领域2：概念方案设计	任务 3-2-1 设计分析，设计定位		3.5 学时
		任务 3-2-2 功能区分，元素提取		
		任务 3-2-3 设计汇报，概念互评		
	工作领域3：方案设计	任务 3-3-1 界面设计，草图绘制	景观办公空间实训指导书	4 学时
		任务 3-3-2 效果表达，成果编制		
	工作领域4：设计汇报与成果展示	任务 3-4-1 方案完善，汇报准备		1 课时
		任务 3-4-2 成果汇报，学生评价		
		任务 3-4-3 项目总结，教师评价		

3.6.2　项目任务实施

工作领域 1：设计前期准备

1. 任务思考

课前通过互联网收集相关资料，自修教材中景观办公空间知识点，观看教学课件及视频资源，完成以下思考问题：

引导问题 1：什么是景观办公空间？

_____

_____

引导问题 2：在下面写出你对景观办公空间设计的理解。

_____

_____

引导问题 3：办公空间界面有哪些功能？

_____

_____

微课：办公空间设计过程

引导问题 4：通过网络检索，了解景观办公空间有哪些特点。

_____

_____

_____

_____

素养提升

　　现代景观设计是在传统园林设计上的创新，古典园林元素在室内设计中也被广泛应用。中国古典园林强调自然美、意境美，可以分为硬质景观设计元素、植物景观设计元素、山石景观设计元素三大类景观元素。有亭、台、楼、阁、水榭、舫、廊、塔、墙、水、岸、汀、石、山、路、木、竹等设计元素。

　　通过课后拓展学习与调研，了解传统园林元素在办公空间设计中的应用。

中国传统园林中的
设计元素

2. 任务实施过程

"工作领域 1：设计前期准备"工作任务实施见表 3-13。

表 3-13　"工作领域 1：设计前期准备"工作任务实施

工作领域	工作任务	任务要求	工作流程	活动记录 / 任务成果
工作领域 1：设计前期准备	任务 3-1-1 资料收集，任务解读	1. 收集景观办公空间设计案例。 2. 解读本项目实训任务书，明确本项目设计目标及具体任务。 3. 掌握办公空间设计的主要工作流程，分解工作任务要求，填写项目实训任务清单	步骤 1：收集景观办公空间相关资料。 步骤 2：解读本项目实训任务书，分解本项目设计目标及具体任务	任务工作单 R-1：项目实训任务清单
	任务 3-1-2 设计调研，资料准备	1. 课前自修办公空间界面设计、形象塑造。了解景观办公空间的基本概念、发展历程、景观办公空间设计策略等相关知识点。 2. 掌握资料分类方法与网络检索方法。 3. 分析景观办公空间案例，展开前期调研	步骤 1：学习相关知识点。 步骤 2：收集并整理办公空间设计规范、设计资料、素材备用。 步骤 3：展开设计前期调研	1. 讨论记录。 2. 调研报告。 3. 建筑原始平面图

续表

工作领域	工作任务	任务要求	工作流程	活动记录 / 任务成果
工作领域1：设计前期准备	任务 3-1-3 客户沟通，需求分析 任务工作单 R-5：装修需求调查表	1. 通过任务书了解业主对装修的设计要求，学习沟通技巧，以小组为单位角色扮演（业主、设计师），填写装修需求调查表。 2. 掌握项目基本信息、客户装修需求、预计投资、审美倾向，填写装修需求分析表	步骤 1：掌握项目基本信息、客户装修需求、预计投资、审美倾向，装修需求调查。 步骤 2：明确设计要求，做好前期设计资料准备	1. 讨论记录。 2. 任务工作单 R-5：装修需求调查表。 3. 任务工作单 R-6：装修需求分析表。 4. 过程表格
	任务 3-1-4 计划拟订，团队分工 任务工作单 R-3：项目工作计划方案	1. 明确设计要求，通过思维导图分解实训任务。 2. 根据任务对团队成员进行工作分工。 3. 根据工作任务制订工作计划，安排项目工作进度。 4. 做好实施过程记录	步骤 1：了解项目设计要求及工作流程。 步骤 2：绘制任务思维导图。 步骤 3：填写项目团队任务分配表。 步骤 4：填写项目工作计划方案	1. 讨论记录。 2. 工作任务单 R-1：项目实训任务清单。 3. 工作任务单 R-2：项目团队任务分配表。 4. 工作任务单 R-3：项目工作计划方案。 5. 工作任务单 R-4：制订工作过程记录表

3. 任务指导

（1）本阶段主要工作任务是明确办公空间设计主要的工作流程（图 3-62），整理景观办公空间设计的工作任务，掌握列表分析、思维导图分析方法。

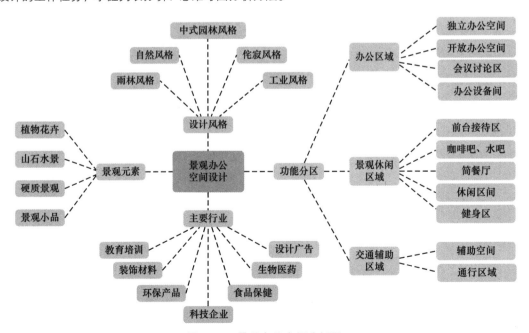

图 3-62　景观办公空间分析图

（2）根据工作任务制订工作计划，分配成员之间的工作任务，特别注意在工作分配时发挥组员的特长，合作完成项目时要注意沟通的方式方法，发挥团队合作的作用。

（3）浏览设计网站，收集、分析优秀景观办公空间案例，收集并整理办公空间设计规范、设计资料、素材备用。收集中国园林景观元素、中国传统文化元素，了解中国景观元素、中国图案元素、中国文化元素等设计素材用于后续项目设计中。

4. 任务实施评价

根据任务完成情况，学生自评、小组成员之间互评，填写工作过程评价表 P-1、表 P-2，由组长最后填写小组内成员互评表（二维码"项目各类评价表"）。

5. 知识拓展与课后实训

实训 1：中华优秀传统文化源远流长、博大精深，是中华文明的智慧结晶。其中，古典园林"虽由人作，宛自天开"，蕴含中国独特的审美，被誉为世界艺术奇观。其造园手法被西方国家推崇和模仿。课后网络调研，查找古典园林中的景观元素在现代办公空间中的应用。

实训 2：撰写《中国景观设计元素在办公空间设计中的应用》调研报告，选取 2~3 个近几年的优秀办公空间设计案例进行具体分析，图文并茂地分析元素的提取过程及在景观办公空间设计中的应用，1 000 字左右。

工作领域 2：设计定位与构思

1. 任务思考

课前学习金融企业组织框架及设计定位内容，完成以下问题。

引导问题 1：根据任务书上的面积，结合所调研的金融科技公司的组织框架（部门及员工数）列表分析本项目使用人数与面积（表 3-14）。

表 3-14　金融科技公司的员工人数与使用面积

部门	员工人数	使用面积	备注

引导问题 2：通过调研，思考本项目的设计定位，将金融科技公司景观办公空间设计定位写在下面。

设计理念定位：_____

设计风格定位：_____

设计材料定位：_____

设计色彩定位：_____

素养提升

讨论主题 1：如何提炼中国园林景观文化精髓，将"古为今用"的设计思路应用于办公空间设计中？

　　讨论主题 2：请学生以"中国园林景观的精神内涵及审美特征"为主题，分组讨论坚守本国文化立场，提炼中国园林景观文化精髓。分析案例中中国园林景观设计的精神内涵、文化特征与审美特征。

　　讨论主题 3：景观办公空间设计元素有哪些？通过前期网络调研，选取几种中国传统景观设计元素应用于本项目。

造型元素：＿＿＿＿＿＿＿＿＿＿＿＿＿＿＿＿＿＿＿＿＿＿＿＿＿＿＿＿＿＿＿＿＿＿

色彩元素：＿＿＿＿＿＿＿＿＿＿＿＿＿＿＿＿＿＿＿＿＿＿＿＿＿＿＿＿＿＿＿＿＿＿

景观元素：＿＿＿＿＿＿＿＿＿＿＿＿＿＿＿＿＿＿＿＿＿＿＿＿＿＿＿＿＿＿＿＿＿＿

材料元素：＿＿＿＿＿＿＿＿＿＿＿＿＿＿＿＿＿＿＿＿＿＿＿＿＿＿＿＿＿＿＿＿＿＿

2. 任务实施过程

"工作领域 2：概念方案设计"工作任务实施见表 3-15。

表 3-15　"工作领域 2：概念方案设计"工作任务实施

工作领域	工作任务	任务要求	工作流程	活动记录 / 任务成果
工作领域2：概念方案设计	任务 3-2-1 设计分析，设计定位	1. 通过调研，对装修案例及装修要求进行分析。 2. 结合前期所收集的资料设计分析与定位。 3. 确定项目整体创意设计方向，梳理设计思路	步骤 1：客户信息与设计要求分析，填写任务 工作单 R-6：装修需求分析表。 步骤 2：设计分析与确定定位。 步骤 3：确定方案设计方向。 步骤 4：提出项目整体创意设计思路	1. 讨论记录。 2. 装修需求分析表。 3. 设计草图
	任务 3-2-2 功能区分，元素提取	1. 确立概念设计方向、设计风格。 2. 功能区域划分与交通流线图组织。 3. 绘制平面设计、顶棚设计、立面草图。 4. 手绘效果图或绘制计算机效果图。 5. 装修风格、材料、色彩、软装的选配。 6. 设计元素提炼	步骤 1：确定概念设计方向，梳理设计定位、设计风格、功能关系与平面布局方式。 步骤 2：绘制彩色功能分区、流线图。 步骤 3：绘制办公空间平面、立面、顶棚图等。 步骤 4：收集装修风格、材料、色彩、软装的意向图。 步骤 5：设计元素选取与提炼	1. 讨论记录。 2. 表 2-6：联合办公空间使用功能表。 3. 设计过程图纸
	任务 3-2-3 设计汇报，概念互评	1. 概念方向设计思维口头汇报。 2. 概念方向设计思维汇报互评。 3. 教师点评	步骤 1：口头汇报概念方向设计思维。 步骤 2：评价概念方案	1. 讨论记录。 2. 过程评价表

3. 任务指导

（1）通过小组实训、客户沟通演练、列表分析，了解客户装修需求。掌握设计分析流程与技巧，梳理设计思路，明确项目整体创意设计方向。

（2）根据概念设计方向、功能需求，完成功能关系草图绘制与平面布局。制图过程是创意思维的过程，列表分析功能之间的管理及需要的面积，再用气泡图思考功能之间的关系及交通流线（图 3-63、图 3-64），绘制平面构思草图。完成多个方案后，细化完善最终的设计方案。

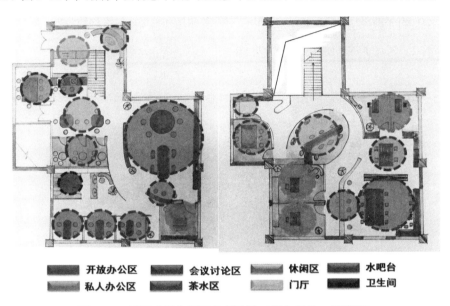

| 开放办公区 | 会议讨论区 | 休闲区 | 水吧台 |
| 私人办公区 | 茶水区 | 门厅 | 卫生间 |

图 3-63　平面功能分析图参考图例 （学生习作　吴锦绣）

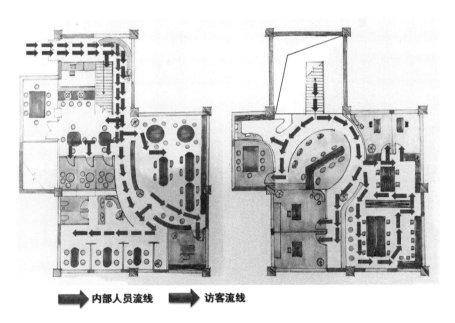

内部人员流线　　访客流线

图 3-64　交通流线分析图参考图例（学生习作　吴锦绣）

4. 任务实施评价

根据任务完成情况，学生自评、小组成员之间互评，填写工作过程评价表 P-1、表 P-2，由组长最后填写小组内成员互评表。

5. 知识拓展与课后实训

实训 1：通过对景观办公空间设计定位的整理，完成本项目设计定位的思维导图分析。

实训 2：本项目景观办公空间的主要功能区域有哪些？用分析图绘制功能关系草图。

工作领域 3：方案设计

1. 任务思考

课前学习办公空间设计定位方法，了解景观办公空间设计要求、主要风格特征，完成以下问题。

引导问题 1：阐述本项目办公空间设计定位。

_____

_____

设计理念：根据前期客户沟通，结合景观办公空间设计要求，确立设计理念定位，进行简单的描述。

_____

_____

设计风格：通过网络调研，收集设计风格资料。

设计风格是：_____ 。

选择此风格的理由：_____

_____

此风格的主要特征：_____

_____

此风格的主要设计元素有：_____

_____

设计主材：本项目选配的主要材料：_____

通过任务实训掌握色彩的提取过程与设计应用。提取中国传统色彩(传统经典色彩、传统工艺品、服饰、绘画等)。通过色彩来源、色彩提取、色彩应用三个步骤，创新具有中国特色的色彩配色系列，应用于本项目的设计中。

本项目的主色调是：_____

辅助色是：_____

谈谈你选择这些色彩的理由：_____

引导问题 2：景观办公空间特征与设计要点有哪些？你准备从哪些方面来表达景观办公空间设计？

_____

_____

职 场 直 通 车

　　讨论主题：通过案例分析，讨论室内设计师的工作职责、专业要求与工作态度。

　　案例：张某曾任某工程有限责任公司工程部给水排水专业组的助理工程师，因涉嫌工程重大安全事故罪被判刑。原因是他在几年前设计地下管网项目时，违反国家规定，降低工程质量标准，造成重大安全生产事故，后果特别严重，张某作为设计人员，对该事故的发生负有直接责任，其行为触犯了国家法律，因此以工程重大安全事故罪追究其刑事责任。

　　通过这个工程重大安全事故案例，请大家围绕室内设计师的工作职责、专业要求与工作态度展开讨论。

　　小提示： 室内设计师的工作既需要专业知识又需要有责任心，在施工设计、绘制图纸、施工现场管理的过程中，设计师的工作要一丝不苟、精益求精，图纸上一个小小的错误，可能就会导致施工的返工、材料的浪费及工期的延长，严重的甚至会违反法律、法规。

学习景观办公空间
的植物配置

景观办公室设计
案例

2. 任务实施过程

"工作领域 3：方案设计"工作任务实施见表 3-16。

表 3-16 "工作领域 3：方案设计"工作任务实施

工作领域	工作任务	任务要求	工作流程	活动记录 / 任务成果
工作领域 3：方案设计	任务 3-3-1 界面设计，草图绘制	1. 绘制彩色平面图、彩色立面图。 2. 绘制手绘草图、效果图，表现手法不限（水彩笔、马克笔、彩色铅笔）	步骤1：绘制平面图、立面图 步骤2：绘制手绘草图与效果图	1. 工作过程记录。 2. 手绘透视图、效果图。 3. 设计过程图纸
	任务 3-3-2 效果表达，成果编制	1. 以透视图形式表现空间形态，计算机效果图绘制。 2. 利用口头和文字两种方式表述方案设计思维。 3. 根据办公空间需要配置智能化产品	步骤1：绘制计算机效果图 步骤2：撰写方案设计说明。 步骤3：选择智能化产品	1. 讨论记录。 2. 计算机透视效果图。 3. 方案设计说明。 4. 智能化设计

3. 任务指导

　　（1）本阶段实训的目标是平面设计与绘制效果图。分析景观办公空间主要功能布局及交通流线设计，用气泡图或思维导图表现功能分区。

（2）绘制平面草图。用设计草图等完成平面图的功能分配，用软件绘制景观办公室平面方案优化，完成两个不同的平面设计方案；绘制彩色平面图、彩色立面图，表现手法及绘图工具不限。

（3）上网查找中国传统景观元素、建筑设计元素、中国传统文化、传统色彩元素，提取景观办公空间的设计元素（图 3-65）。设计元素提取过程扫描本页图例二维码。

（a）　　　　　　　　　　　　　　（b）

图 3-65　中国传统元素在办公空间应用图例

（a）示意一；（b）示意二

（4）绘制主要空间的效果图、透视草图，用软件绘制景观办公室计算机效果图（所用软件与表现手法不限）。

4. 任务实施评价

根据任务完成情况，学生自评、小组成员之间互评，填写工作过程评价表 P-1、表 P-2，由组长最后填写小组内成员互评表。

5. 知识拓展与课后实训

（1）课后通过网络调研传统色彩，思考如何把中国传统色彩应用于现代办公空间中，结合本项目的设计要素，尝试从素雅的中国山水画、色彩斑斓的传统刺绣等传统色彩中提取色彩元素，并应用在景观办公空间室内设计中。

（2）课后收集中国古代家具、软装设计等内容，思考中国传统陈设元素在办公空间设计中的应用。

工作领域 4：设计汇报与成果展示

1. 任务思考

课前学习概念方案图册的案例，完成以下问题。

引导问题 1：概念方案图册的设计内容与要求有哪些？

_____

_____

_____

引导问题 2：在下面写下景观办公空间的设计说明，600 字左右。

_____

_____

_____

素养提升

主题研讨：如何使中国优秀传统文化得到创造性转化、创新性发展？

设计师植根本国、本民族的历史文化，珍惜优秀的中国传统文化，挖掘其中蕴含的设计力量与设计潜力，将中国传统文化、传统工艺、传统艺术等设计元素通过提取演变的设计手法和物化思路应用于设计中。

2. 任务实施过程

"工作领域 4：设计汇报与成果展示"工作任务实施见表 3-17。

表 3-17　"工作领域 4：设计汇报与成果展示"工作任务实施

工作领域	工作任务	任务要求	工作流程	活动记录 / 任务成果
工作领域 4：设计汇报与成果展示	任务 3-4-1 方案完善，汇报准备	1. 了解办公空间设计方案内容及要求。 2. 制作景观办公空间设计概念图册。 3. 汇报 PPT 制作	步骤 1：整理办公空间设计方案文件及图纸。 步骤 2：制作汇报 PPT	1. 汇报 PPT 制作。 2. 概念方案图册。 3. 讨论记录
	任务 3-4-2 成果汇报，学生评价	1. 用 PPT 及口头汇报设计成果。 2. 小组进行汇报，要求每个团队时间控制恰当，设计过程介绍完整，重点突出	步骤 1：分组完成项目设计成果汇报。 步骤 2：老师点评	1. 项目汇报 PPT。 2. 项目总结。 3. 讨论记录
	任务 3-4-3 项目总结，教师评价	1. 设计团队项目总结。 2. 对项目实施过程任务完成情况进行评价及总结。 3. 教师与企业导师评价项目成果	步骤 1：学生完成项目总结，填写表 P-3。 步骤 2：填写项目综合评分表（学生）	1. 项目总结报告。 2. 老师评价。 3. 讨论记录

3. 任务指导

（1）了解办公空间设计方案（概念方案图册）要求。设计图册包括项目分析、客户分析、项目设计定位、设计说明、设计图纸（平面优化方案、顶面图、彩色平面图、办公室设计草图、手绘效果图、家具和软装等概念图、主要装修材料图等）。

（2）汇报 PPT 制作。PPT 画面简练、美观，设计流程与主要内容要完整，控制在 20~25 页。汇报过程中认真听讲，师生都要做好评价记录。

（3）PPT 汇报时间控制在 5~8 min，小组派 1 人汇报，汇报前熟悉内容，汇报时语言流畅简练，对内容比较熟悉。

（4）每个小组撰写设计项目总结，要求提炼有价值的问题，对自己的设计过程、创新点、设计难点等提出有价值的问题，能具体分析项目过程中遇到的问题及解决方法，500 字左右。

4. 任务实施评价

根据任务完成情况，学生自评、小组成员之间互评，填写工作过程评价表 P-1、表 P-2，由组长最后填写小组内成员互评表。

5. 知识拓展与课后实训

实训 1：课后通过调研，查找收集景观办公空间的设计策略的相关资料，深入学习景观办公空间。

_____

_____

_____

_____

实训 2：课后运用互联网查找中国古代园林景观造景手法，思考如何在办公空间设计中应用景观造景元素。

_____

_____

_____

_____

_____

（职）（场）（直）（通）（车）

课后自主学习景观办公室设计案例集及常见植物配置等内容，拓展知识面。

3.7　项目评价与总结

3.7.1　综合评价

项目各类评价表

下载"项目各类评价表"二维码中的表格，打印后填写项目评价表。

（1）小组成员对项目实施及任务完成情况进行自评、互评，填写评价表 P-3：项目综合评分表（学生）。

（2）教师及企业专家对每组项目完成情况进行评价，填写评价表 P-4：项目综合评分表（教师、企业专家）。

3.7.2　项目总结

本项目主要学习办公空间界面设计、办公空间形象塑造、办公空间光照与色彩设计等知识。通过学习办公空间景观设计元素、景观设计手法及景观办公空间的设计策略掌握景观办公空间的设计方法与设计要点。通过景观办公空间设计项目的实操，完成办公空间设计技能的提升。

3.8　知识巩固与技能强化

3.8.1　知识巩固

1. 单选题

（1）一般可容纳（　　）人以内、使用面积在 30 m² 左右的会议室空间，称为小会议室。

A. 50　　　　　B. 300　　　　　C. 100　　　　　D. 10

（2）照明方式主要分为一般照明、局部照明、混合照明和（　　）。

A. 漫反射照明　　B. 重点照明　　　C. 光带照明　　　D. 普通照明

（3）办公空间工作区适用色温约（　　）K 的白光，休闲区适用色温约 4 000 K 的黄光。

A. 2 800　　　　B. 3 000　　　　C. 3 500　　　　D. 5 000

2. 多选题

（1）界面形态设计的基本要素有（　　）。

A. 点　　　　　B. 体　　　　　C. 面　　　　　D. 形

E. 线

（2）办公空间界面的设计原则是突出现代、高效、简洁与人文的特点，还需考虑灯光照明和（　　）等方面的处理。

A. 氛围营造　　B. 色彩　　　　C. 布局　　　　D. 材质

3. 判断题

（1）底界面的抬高可以划分空间，而降低的底界面有被保护的心理感觉以及空间的围合感。
（　　）

（2）办公空间的顶界面有采光、通风、隐藏设备管线、安装灯光及装饰等作用。　（　　）

（3）办公室可以通过主题法、主从法、重点法、色调法等多种形象方法来设计。　（　　）

3.8.2　技能强化

课后通过网络调研，寻找山石造景元素在室内设计中的案例，尝试把传统园林中的山石造景元素提取、简化、重构后练习，应用于办公空间室内设计中。

素 养 提 升

中国园林主要是由山、水、花木、建筑四种基本要素组合而成。除以上要素外，中国古典园林中还有动物、匾额、楹联与石刻等要素。在古典园林中，山石是造景的主要手段，可以起到分割景致的作用。

传统园林图例

※ 笔 记

记录设计讨论、设计构思、设计草图、设计文案等，电子作品可打印后粘贴到此处。

_____

_____

_____

_____

_____

_____

_____

_____

_____

_____

_____

_____

_____

_____

_____

_____

_____

_____

_____

_____

_____

_____

_____

_____

_____

_____

※ 笔 记

项目4 环保办公空间设计

4.1 项目导入

　　本项目位于杭州新区中央商务区七里河 CBD 创意街区内。CBD 创意街区为金融科技产业提供孵化地，园区内有环保企业、金融科技等 100 多家企业、体验中心和会议中心等。创意街区内环境景观优美、绿荫如画，有大面积的绿地与停车场。需要设计的环保企业位于 5 楼，为框架结构建筑。业主倡导积极健康、环保的生活方式，希望为员工提供一个舒适自然、体现环保行业特色的办公空间，让员工能走出自己的小空间，融入和谐、创新的企业文化。

4.2 项目分解

4.2.1 项目全境

　　环保办公空间设计项目思维导图如图 4-1 所示。

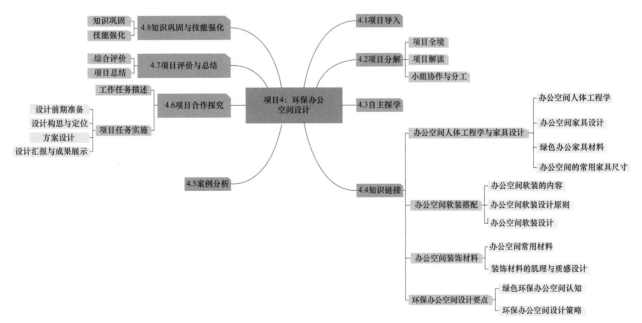

图 4-1　环保办公空间设计项目思维导图

4.2.2 项目解读

环保办公空间设计项目说明见表 4-1。

表 4-1 环保办公空间设计项目说明

概况与要求	任务说明	
建筑条件	本项目位于杭州新区 CBD 创意街区内的高层建筑，层高 3.55 m。建筑面积共 600 多 m²，建筑结构为框架结构，空间开阔，可以灵活布局。 　该企业为一家新能源研究公司，需要满足办公、休闲、文化交流、商务会谈、路演展示等功能	 建筑原始平面图
客户要求	1. 满足功能与审美需求，合理规划空间、准确定位，设计风格为简约、自然。需要提供概念设计方案等。 　2. 空间功能定位为高层领导办公室、独立办公室、入口接待区、开放式办公区、洽谈区、会议室、休闲区、路演区、餐饮区、健身区等。空间利用率要高，功能房间大小由设计公司参考人员配置表自行考虑设计。 　3. 装修材料要环保，注意材料的合理搭配，软装和硬装在形式和色彩上和谐统一。 　4. 选择新技术、新材料、环保材料，在控制成本的前提下，装修费用中档，要考虑企业的承受力。 　5. 尽量降低能源消耗，利用自然采光、通风，采用合理有效的措施，体现节能环保观念。总裁办公室、总经理办公室及重要办公区域必须满足自然采光通风	
学习目标	知识目标	1. 了解办公空间的人体工程学。 2. 了解办公空间家具设计及尺寸。 3. 掌握办公空间软装搭配。 4. 掌握办公空间常用装饰材料。 5. 掌握环保办公空间的设计策略
	技能目标	1. 具备资料收集、分析问题与解决问题的能力。 2. 具备对环保办公空间平面方案优化能力。 3. 具备效果图绘制能力。 4. 具备运用环保办公空间的设计能力
	素质目标	1. 厚植爱国主义情怀，具备民族自信。 2. 具备一定的创新意识与创新能力。 3. 培养健康、安全、环保、绿色的设计意识。 4. 具备严谨的工作作风、精益求精的工匠精神

4.2.3 小组协作与分工

根据异质分组原则，把学生分为 2~3 人一组，小组协作完成工作任务，在表 4-2 中写出小组成员的主要任务。

表 4-2 项目团队任务分配表

项目团队成员		特长	任务分工	指导教师	
班级				学校教师	
				企业教师	
组长	学号				
组员 姓名	学号				
	学号				
	学号				
备注说明					

4.3 ● 自主探学

课前自主学习本项目的知识点，完成以下自测题。

引导问题1：课前上网查找资料，谈谈什么是绿色环保设计，以及绿色环保设计办公空间设计的目标。

引导问题2：环保办公室的设计策略有哪些？

引导问题3：有哪些绿色环保办公区的装饰材料？并举例说明。

办公空间功能类型

素养提升

讨论主题：根据本项目的所学、所思、所悟，谈谈对中国古代家具在世界上取得瞩目成就的感悟，思考如何在设计中传播中国自信，宣传中国制造和中国品牌。

（小提示）我国的明代家具、清代家具有极高的艺术鉴赏价值，是国际上一颗璀璨的明珠。近几年，随着我国科技的发展，中国的办公家具产品及办公设备也走在了国际前列，办公家具与设备一直大量出口到欧美国家，受到用户的好评。了解中国传统家具与现代中国十大家具品牌。

办公空间平面功能布局案例

4.4 ● 知识链接

4.4.1 办公空间人体工程学与家具设计

1. 办公空间人体工程学

"高效率"与"人性化"是办公空间设计的两大重要指标，人体工程学的主要作用是满足人的生理和心理需要，使办公环境满足工作活动的需要，为设计人员提供人在办公室内活动中所需空间的设计依据；提供办公家具的参考尺寸及室内物理环境的参数等。

2. 办公空间家具设计

办公空间家具设计日新月异。现代的办公家具设计既要符合人体工程学，又要舒适、实用，还要跟上科技的发展。下面一起来了解办公空间的发展趋势。

（1）办公家具发展趋势。人们对办公空间的健康、舒适度提出了更高的要求，家具材料绿色环保，功能、尺寸更加人性化。因此，科技智能化、灵活多变、个性化、系统化等将成为办公家具的主要发展方向。未来的办公家具将具有智能化、方便使用的特点。将办公家具接入智慧系统，通过智慧系统自动调节室内高度、角度，用户通过办公家具等可一键调节（表4-3）。

微课：办公空间
设计案例设计

表 4-3　办公家具发展趋势

趋势	主要特点
智能化	将前沿的科技和技术植入办公家具，将智能办公家具、智能办公环境等控制系统置于App等应用程序，用户可以通过手机进行数据交换、数据传送及功能控制。用户通过手机App等进行数据监测、工位预约、智能会议等，可通过动作操控智能办公桌，实现信息化设备与家具的交互，实现背景智能灯光调节。以大数据智慧云平台为核心，通过手机操控或按键实现办公桌的智慧升降，包括记忆、久坐提醒、一键升降、办公家具自动归位等功能
人性化	根据用户人性化需求设置家具功能，使办公家具更加合理。将健康新概念引入家具设计，强调健康、使用安全、人体工学原理及新环保材料的使用。采用可调节高度、角度的桌椅，办公桌椅可以升高或降低，适合坐姿、倾斜度等身体形状及角度，以适应用户的各种工作姿势，并获得舒适的身体支撑，智能办公椅能实现久坐监测、久坐提醒、坐姿矫正等人性化功能，大大提升了员工的幸福感与工作效率（图4-2、图4-3）
模块化	模块化是指为办公场所提供多种混合、堆叠和移动的家具组合。办公家具尺寸与配件标准化设计，可以组合变化成多种形式。易于自由拆装、组合、移动的轻型办公家具可以调整空间布局、增减家具数量，节约搬家时的运输成本
个性化	设计师根据客户个性化需求，尝试新思路，探索独特、新颖的办公家具。为企业提供精细化的高端办公家具定制。根据行业、办公习惯、群体办公的特点，对办公家具结构、功能性进行特殊调整，在设计风格、尺寸、颜色方面凸显独特的企业文化，显示个性化的艺术审美
环保化	绿色健康、材料环保是家具设计的基础。一方面可以采用低能耗、低污染、可回收、可再生、可循环使用等绿色环保材料，尽量不使用具有高消耗、高污染性的材料；拒绝使用有毒害的家具材料。另一方面，家具的结构简单，方便拆卸和维修，避免使用复合材料，方便家具垃圾的分类及回收。在享受和满足办公家具方便、舒适的同时，更加注意健康与安全

图 4-2　符合人体工程学的舒适座椅

图 4-3　某企业可以灵动组合的休息区家具

（2）办公空间家具的设计方法。科技改变生活，伴随开放、多元、灵活的办公方式的改变，以及人工智能、物联网等技术的快速发展，为办公家具设计带来了很多新要求与新功能。创新办公家具的设计方法，使办公家具更加符合当代人的生活与工作的需求。

1）多功能设计。办公空间的人性化需求在不断提高，办公家具的舒适性、多功能逐渐被重视。办公空间出现可变换坐姿的座椅（图4-4）、可调节桌面高度的办公桌（图4-5）、加班休息的桌下嵌入式床位，以及可以满足私密需求的移动工位等，都体现了办公家具的功能与人性化设计的特点。伴随着科技、智能产品的发展，办公桌椅的功能也趋向智能化，出现了无线充电、触控屏、感应加热器等集多种功能于一体的智能办公桌、会议桌（图4-6、图4-7）。

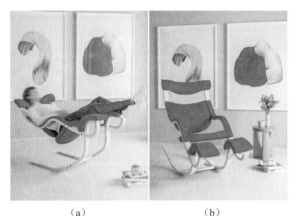

（a）　　　　　　（b）

图 4-4　可以调节的休息椅

（a）示意一；（b）示意二

图 4-5　可调节的办公桌

图 4-6　带触控屏的智能办公桌

图 4-7　智能远程会议桌

2）可移动设计。灵活性是现代办公空间的主要特点，一成不变的固定式办公空间布局正在被可移动化的工作环境所替代。通过模块化办公家具的多种组合、移动设计，可以随时根据需要调整空间布局及使用功能（图4-8），通过移动隔断，调整空间的大小及私密性；通过移动家具，调整办公人员空间的密度，应对企业人员的增减（图4-9）。

办公家具设计还可以通过模块化设计的混合、堆叠和移动，让办公家具模块根据功能需要移动到适合的位置，为团队协作的工作场所提供多种家具组合方案，以适应不断变化的动态办公需求（图4-10）。

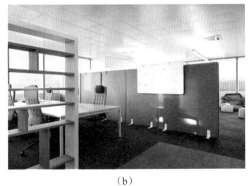

（a） （b）

图 4-8 办公空间的移动隔断
（a）示意一；（b）示意二

（a） （b）

图 4-9 可移动办公家具
（a）示意一；（b）示意二

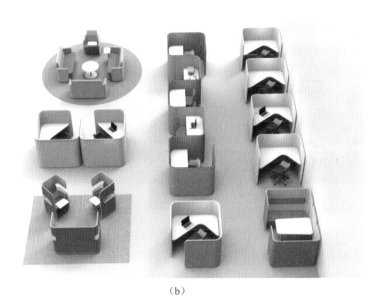

（a） （b）

图 4-10 造型百变的模块化办公家具
（a）示意一；（b）示意二

3）创新性设计。在一些科技类及创意类企业，他们往往追求办公家具的个性化设计，喜欢选用有设计感的、创新性的办公家具及灵活的空间布局（图 4-11）。在家具的造型设计上大胆创新，追求独特性（图 4-12、图 4-13）。

图 4-11 灵活多变的办公桌椅

图 4-12 独立式办公坐凳

图 4-13 办公沙发设计

休息区的办公家具充分考虑使用的舒适性及可变性（图 4-14）。现代办公空间的休闲区域出现了共享化、娱乐化的趋势，休闲区的家具设计呈现出多样化，如按摩椅、秋千椅、懒人椅、台阶式座位等（图 4-15），还有"开放""半封闭"和"封闭"三种状态的"蚕茧"休闲椅（图 4-16）。

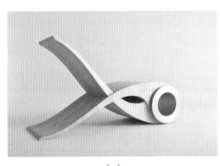
（a）

（b）

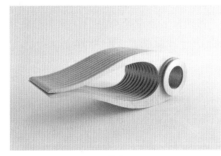
（c）

（d）

图 4-14 形态多变的休闲椅
（a）示意一；（b）示意二；（c）示意三；（d）示意四

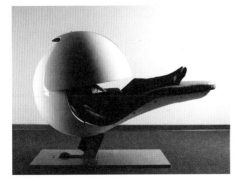
图 4-15 午休按摩座椅

图 4-16 "蚕茧"造型的休闲椅

4）户外风格融入。新的办公理念追求办公环境的健康、生态环保，因此，把户外与自然元素融入办公空间，创造自然生态的办公环境。把休闲椅、户外餐桌、秋千、户外沙发、帐篷等户外家具引入办公空间的休闲区域，营造办公空间的生活感、家居感，给员工带来舒适、放松的人性化体验。

5）色彩图案设计。个性化时代，丰富的色彩、多样化的图案迎合了年轻员工的审美需求，五彩缤纷的色彩给办公空间带来了积极乐观、轻松活泼的氛围，被很多科技企业所采用。然而办公空间的色彩与图案并不意味着杂乱无章的堆砌，而是基于色彩学原理的科学设计。利用同类色、对比色、互补色的配色关系，通过对同一个造型的家具运用不同色系的变化、组合，设计出系列化的家具产品（图 4-17）。

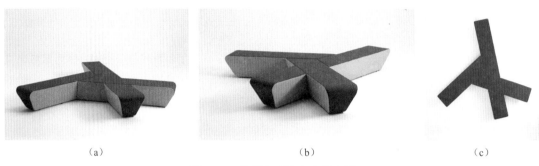

（a） （b） （c）

图 4-17 色彩多变的办公区坐凳
（a）示意一；（b）示意二；（c）示意三

3. 绿色办公家具材料

人类正面临着环境污染的困扰，在设计中践行绿色环保的设计理念，是设计师的社会职责。办公家具的绿色材料应用符合国家所倡导的经济环保的要求，以最小的环境代价换取最佳的使用效果。选择天然可降解的竹、木、藤、草等材料有利于节约资源，保护环境。近几年，还开发出了可循环利用的合成材料，如人造木材、塑料、钢材等，使得办公家具的材料有了更大的选择空间。秸秆、塑料垃圾加工的再生材料等新型再生材料，也被应用于家具生产（图 4-18）。

（a） （b）

（c）

图 4-18 天然可降解材料家具
（a）示意一；（b）示意二；（c）示意三

4. 办公空间的常用家具尺寸

办公室家具、设备、活动空间的尺度必须符合人体工程学的要求。办公家具的比例与尺寸是否合理直接关系到使用人员的舒适度。在施工图绘制阶段，需要严格按比例来进行设计，尽量提供精准的家具尺寸及施工尺寸。以下列举部分办公空间工作、学习、生活的家具及空间尺寸（图 4-19、图 4-20）。

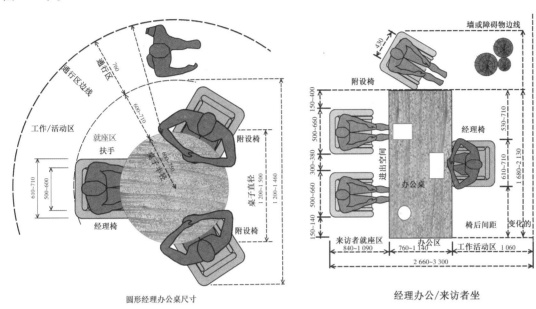

图 4-19　经理办公区尺寸空间图（单位：mm）　　图 4-20　经理办公区家具尺寸图（单位：mm）

（1）办公桌椅尺寸。桌面高度为 680 ~ 700 mm。双柜办公桌的宽度为 1 200 ~ 2 400 mm，深度为 600 ~ 1 200 mm；单柜办公桌宽度为 900 ~ 1 500 mm，深度为 500 ~ 750 mm。

带抽屉的办公桌。抽屉厚度一般为 150 ~ 172 mm，抽屉下沿距椅子座面的距离为 150 ~ 175 mm 的净空，抽屉下沿左右空间的宽度为 520 mm（图 4-21）。

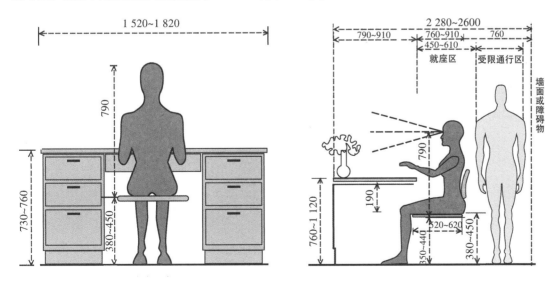

图 4-21　办公桌椅尺寸及布置尺寸（单位：mm）

1）站立式办公桌。站立时，桌面高度为 910 ~ 965 mm 比较合适。站立式桌面下部无须留出容膝的距离，可做一些储物柜。但需要留出容足的空间，柜体底边离地高度为 80 mm。

微课：办公空间的常用家具

管理层办公室坐姿尺寸图例

混合工作区布置尺寸图例

讨论区布置尺寸

隔断高度尺寸图例

2）办公椅 A：座面高度为 400 ~ 440 mm，长度为 450 mm，宽度为 450 mm，座面倾斜角度为 0° ~ 5°，上身支撑角度大约 100°。当人需要稍作休息时，办公椅靠背支撑点以上的圆弧靠背可以向后倾斜，能起到支撑身体的作用。

3）办公椅 B：座面高度为 400 ~ 420 mm，长度为 450 mm，宽度为 450 mm，座面倾斜角度为 5° 左右，上身支撑角度约 105°。这类椅子主要适用于餐厅和会议室，起坐都很方便，在上身后仰时，也能让使用者感到舒适。

（2）文件柜常用尺寸。目前市场上常用的文件柜尺寸有以下几种：高度 1 800 mm × 宽度 900 mm × 深度 400 ~ 420 mm、高度 1 800 mm × 宽度 1 180 mm × 深度 400 ~ 420 mm。如果没有特殊的要求，文件柜的标准高度为 1 800 mm，宽度为 900 mm，加长的宽度是 1 180 mm。标准深度尺寸为 400 ~ 420 mm。部分特殊空间的文件柜尺寸也可以依据具体空间来定制。文件柜与办公桌摆放距离通常为 580 ~ 740 mm。

1）书柜 A：高度为 1 800 mm，宽度为 1 200 ~ 1 500 mm，深度为 450 ~ 500 mm。

2）书架 B：高度为 1 800 mm，宽度为 1 000 ~ 1 300 mm，深度为 350 ~ 450 mm。

3）衣柜：高度为 2 200 mm 左右，深度为 550 ~ 600 mm，宽度为 600 mm，挂短大衣区域的高度为 900 mm，挂长大衣区域的高度为 1 400 mm。

（3）其他休闲区家具尺寸（图 4-22）。

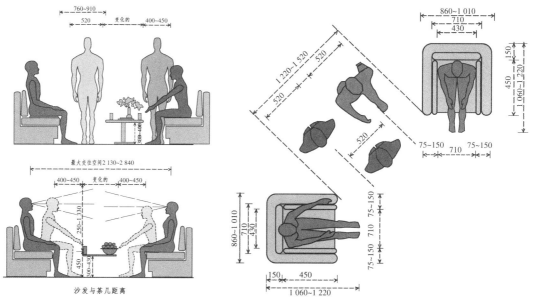

图 4-22　办公室接待区、讨论区坐姿尺寸（单位：mm）

1）沙发：宽度为 600 ~ 800 mm，高度为 350 ~ 400 mm，背高尺寸为 1 000 mm。轻便沙发，高度 330 ~ 380 mm。

2）茶几：前置型茶几：长度 900 mm × 宽度 400 mm × 高度 400 mm；中央型茶几：长度 900 mm × 宽度 900 mm × 高度 400 mm、长度 700 mm × 宽度 700 mm × 高度 400 mm；左右型茶几：长度 600 mm × 宽度 400 mm × 高度 400 mm。

3）休闲椅 A：座面高度为 330 ~ 360 mm，长度为 450 mm，宽度为 450 mm，座面倾斜角度为 5° ~ 10°，靠背支撑点从腰部延伸到背部，支撑角度为 110°。这类椅子适宜客户接待或会议室使用。

4）休闲椅 B：座面高度为 210 ~ 290 mm，长度、宽度均为 450 mm，座面倾斜角度为 15° ~ 23°，上身支撑角度约 115° ~ 123°，增设靠头。这类椅子适宜午休，能使人体伸展放松，为休息功能最好的椅子。

（4）办公空间常用空间尺寸。办公空间的通道宽度应满足防火疏散要求，最小净宽应符合《办公建筑设计标准》（JGJ/T 67—2019）中走道最小净宽的规定。具体尺寸可以参考国家标准《办公建筑设计标准》（JGJ/T 67—2019）中的尺寸。还需考虑消防规范对疏散通道的具体尺寸。具体参考《建筑防火通用规范》（GB 55037—2022）（表 4-4）。

1）主通道：主通道的宽度为 1 800 ~ 2 200 mm。如果人数较多，结合消防要求及设计要求来确定。

2）次通道：办公空间内部一些单人通过宽度一般是 800 mm，可以按照使用人数多少及使用频率对通道的宽度适当调整，一般宽度为 800 ~ 1 200 mm。

办公空间常用家具
及空间尺寸

表 4-4　走道最小净宽

走道长度 /m	走道净宽 /m	
	单面布房	双面布房
≤ 40	1.30	1.50
>40	1.50	1.80

注：高层内筒结构的回廊式走道净宽最小值同单面布房走道。高差不足 0.30 m 时，不应设置台阶，应设坡道，其坡度不应大于 1∶8

4.4.2　办公空间软装搭配

办公空间的软装设计可以软化空间环境，同时也起到了烘托室内气氛、强化设计风格、美化视觉美感等作用。软装设计不仅需要多种元素的选择，还需要考虑灯光设计、色彩搭配、空间风格、主题的统一性。同时，软装陈设可以体现出公司的企业文化及独特的文化品位。

1. 办公空间软装的内容

办公空间的装修包括"硬装修"与"软装饰"两个方面。其中，软装饰是指办公室完成硬装修之后进行的室内装饰，包括可以更新更换的窗帘、布艺、绿植、挂画、挂毯等。室内空间的软装分类见表 4-5。

表 4-5　室内软装的分类

软装类型	具体内容
可移动家具	沙发、文件柜、衣柜、桌椅等
装饰	挂画、摆件、挂毯、雕塑、植物等
布艺	窗帘、地毯、靠垫、床上用品等
灯具	容易更换的灯具被列为软装，不能移动的隐藏灯带不算软装
墙漆、壁纸	容易更换的墙纸或乳胶漆也可以算在软装设计中，软装设计师会根据需要重新改变墙面色彩与材料

2. 办公空间软装设计原则

（1）体现次序感。办公空间的设计目的是创造一个安静、整洁、高效的办公环境，因此，在进行办公室软装设计时，需要有一定的次序感。如软装的色彩与材质统一，软装数量不要太多。墙面不要用太多的装饰或用花哨的装饰墙纸，办公室整体色调一致。

（2）统一风格特征。办公空间装修风格与软装风格要一致。软装设计起到强化整体风格的作用。例如，现代简约风格的办公室，与之匹配的办公家具一般色彩对比强烈，线条简约流畅，强调功能性设计，墙面挂画的色彩也比较丰富。软装陈设的数量少而精，通常以少胜多、以简胜繁。而新中式风格的办公空间通常搭配简洁的中式家具、淡雅的中国配色与中国传统的水墨画。

（3）凸显企业文化。一个公司的企业文化是一家企业的品牌精神。创业型公司与成熟公司的企业文化肯定是不一样的，文艺类公司和金融类公司也有所区别。所以，想要在办公空间的软装设计中体现创新性，可以重点强调企业文化。通常，会使用一些体现企业、行业特色的配饰、奖牌摆件来凸显企业文化。

（4）体现实用价值。办公室的陈设不仅仅用于观赏与收藏，更需要注重实用性。可以通过选择软装陈设来分割空间，明确空间的功能及主次关系。

3. 办公空间软装设计

办公空间各区域的软装设计要点见表 4-6。

表 4-6　办公空间软装设计要点

区域	软装设计要点
前台区	前台接待区的软装设计主要体现企业的文化与理念、视觉美感及行业特征，给客户留下良好的第一印象。软装布置尽量简洁、美观、大方，突出企业形象。可在企业形象墙前摆放绿植及鲜花，以凸显企业形象和烘托环境氛围
办公区	办公区的家具与陈设的颜色要简洁，与整体装修色调保持一致，软装种类也不宜过多，不宜复杂。通常花卉和植物是办公区最常见的陈设，花卉和植物可以起到围合、分割空间、组织交通的作用，提高视觉审美。但是要留意植物颜色与数量，根据不同的季节更替植物种类。开放式办公区在工位上还可以陈设员工喜欢的趣味性、个性化的小陈设
会议室	会议室的主要功能是进行员工交流、开会讨论、远程视频会议，以及接待客户来访、商业洽谈等活动。会议室一般在角落及会议桌中间少量装饰植物、花卉。有展柜的会议室可以陈设与企业文化相关的团建合影、奖状、奖杯、锦旗等陈设，但是体型不宜过大
管理层办公室	管理层办公室的软装需要体现企业文化与经营理念。管理层办公桌可以适当地摆放少量的工艺品、雕塑等装饰品。会客区茶几可以装饰花卉植物，也可以陈设少量的绿植装饰
休闲区	休闲区是属于员工放松休息的空间，给人一种放松、舒适的感觉。休闲区会采用大型的绿植围合，合理地运用绿植和花卉会让休闲区充满生机，让空间环境显得自然放松。办公区的植物首选容易养护、轮廓漂亮、彩叶常绿的植物

4.4.3　办公空间装饰材料

办公空间氛围的营造离不开形状、色彩、材料与灯光的设计。在科技迅速发展的时代，材料不断更新迭代，办公空间的饰面材料逐步从只注重功能实用性，开始转向对材料的视觉、知觉与空间整体的综合体验的感受，开始注重选择无毒、生态环保的装饰材料。

1. 办公空间常用材料

（1）办公空间界面主要装饰材料。办公空间的饰面材料主要有涂料、石材、墙砖、木饰面等，每一种材质都有独特的肌理，从而呈现不同的视觉效果（表 4-7）。

表 4-7　办公空间界面主要装饰材料

界面位置	主要材料
底界面（地面）	地板砖、素水泥、地毯、地板、地胶、地坪漆、防静电地板等
侧界面（墙面、隔断）	乳胶漆、壁纸、无纺布，局部用吸声板烤漆玻璃、铝塑板、实木饰面、装饰板、石材等，壁纸注意防霉和防潮的要求。 界面围合或隔断的主要材料有石膏板隔断、轻钢龙骨、钢化玻璃、不锈钢、双层玻璃、木饰面等
顶面	顶面一般采用矿棉板、铝扣板或铝网格、纸面石膏板、乳胶漆矿棉板等轻质材料
门	无框钢化玻璃门、有框钢化玻璃门、复合免漆门、实木复合门、实木门、防火门、防盗门等

（2）办公空间新型装饰材料。

1）金属。随着现代科技的发展，市场上涌现出铝镁锰、穿孔板、水波纹不锈钢、泡沫铝、金属拉伸网、仿石材铝板等各种新型金属材料，这些金属采用不同的加工工艺，生产出各式各样的新型金属材料，具有较好的界面表现效果。图 4-23 所示的办公室休闲区上方的铝板吊顶饰面，表面采用贴膜工艺，其肌理可以达到黄铜的质感和视觉效果。例如，新材料铝镁锰通过熔炼，分别搭配一定量的铜、锰、镁、硅、锌等元素，可以做成各种各样的合金材料，以满足不同需要的机械和物理性能。多孔板因为款式新、效果好也被大量使用。在顶面设计时通过凹凸排列，再结合线性几何的造型，通过柔和灯光的衬托，给人一种简洁有序、高贵大气的视觉感受（图 4-23）。

2）玻璃。近几年玻璃新材料的种类越来越丰富，办公空间常见的有长虹玻璃、水纹玻璃、炫彩玻璃、玻璃砖等。玻璃在空间设计上富有创造力，可以构建绝佳的层次感和通透感，给办公空间带来多元化的奇特视觉效果。图 4-24 所示的办公空间弧形玻璃墙设计，搭配明亮的顶部灯光，将流线型办公布局进一步呈现，释放出一种缥缈的神秘感，呈现出非同一般的效果。

图 4-23　顶面材料为黄铜金属质感的镀锌板　　　图 4-24　弧形玻璃所营造科技感的办公空间

3）石材。石材有着美丽自然的纹理，质感温润，视觉感清爽，常常被用于企业形象墙上作为背景，也可以作为地面、台面、墙面材料使用。光面的石材可以衬托出空间的高级感（图 4-25），丰富空间的材料肌理；粗面的岩板则有着粗犷、质朴的肌理，搭配柔和的灯光和简约、流畅的装饰线条，达到以少胜多、以简胜繁的效果。

　　主要的新型石材有超薄柔性石材、液态大理石、岩板、PU 石、电镀石材、发泡陶瓷、陶土板、洞石、木纹石、自然断裂石面等。其中，超薄柔性石材薄如纸、可弯曲、可透光、造型百变。还有新型液态大理石，这种材料是将坚硬的天然石材通过线性锯切、数控雕刻、手工抛光，从而形成视觉上呈现自然形态的纹理，在光影的反射下显示精致比例，可以用来营造空间的艺术氛围。

　　4）木材。木材质感温润，代表着原始与质朴，其独一无二的木纹备受设计师与客户的喜爱。通过木材的纹理、肌理与色彩可以很好地表达出空间的平和与温暖，让人感受到有温度的设计。深色系的木质体现大气、神秘与谦逊，没有丝毫的沉闷消沉感。图 4-26 所示的洁白的半月造型与温润的木饰面形成色彩浓淡的对比，木材的肌理无疑是体现这种东方美学的最佳材料。

　　5）水泥。近几年开放研究新型水泥装饰材料，主要有灰泥、微水泥、素水泥、仿石涂料、超高性能混凝土、透光混凝土、竹模清水混凝土、混凝土装饰板等，水泥肌理的艺术漆、各种造型的水泥砖都是当下很受欢迎的饰面材料。图 4-27 所示的灰色调水泥肌理地面与粗犷的毛石墙面结合，勾起人们对自然的向往。水泥也常常与金属材质搭配，这两种截然不同的材质可以形成风格上强烈的碰撞。图 4-28 所示的微水泥细腻，散发出雅致的感觉，细致的肌理与成熟的色调搭配简洁的线条，可以勾勒出空间的高级感。

图 4-25　某办公室大理石柜台设计　　　　　　　　图 4-26　某办公室木饰面设计

新型材料图例

（a）　　　　　　　　（b）

图 4-27　粗犷的毛石墙面　　　　　　　　　　图 4-28　细腻的微水泥墙面

（a）示意一；（b）示意二

除上述一些主要装饰材料，现代新型材料还有夯土板、烧杉板、保温装饰、体板、PC 阳光板、竹木塑料板等。

2. 装饰材料的肌理与质感设计

界面材料的肌理与质感是装饰材料的重要因素。肌理表形，质感表骨。肌理应该是自然产生的点、线、面，是指触觉上可感知的特性，而质感更多是物品本质属性的表现，是物体对光的反射程度，类似漫反射就会形成粗糙表面。

（1）装饰材料的肌理。

1）肌理的概念。"肌"是指物体的表皮，而"理"是物体表皮呈现的纹理。肌理是指物体的表面纹理，肌理是物象存在的形式，是物质属性在感觉上的一种反映。物体材料不同，其表面的排列、组织与构造也会不同，有的粗糙、有的光滑，也有软硬的质感。

装饰肌理是指装饰材料表面的纹理，以及起伏、凹凸的视觉感受。不同的装饰材料所表现的纹理各不相同，如海绵纹理、树木纹理、不锈钢纹理等。肌理可以分为"一次肌理"与"二次肌理"（表 4-8）。

表 4-8　肌理的层次

类型	特点
一次肌理	指天然材料的自身组织结构的一种表面材质效果，如铁块、钢板、花岗石等
二次肌理	（1）指对瓷砖、釉面砖、马赛克、木地板等小块材料进行拼合接缝，组成更大的面积后所产生的新的构成纹理，这种新的构成纹理即为"二次肌理"，如彩色马赛克等块形材料所组合的肌理。 （2）通过物体手段使材质表面凹凸起伏，达到一定的组织"密度"，所产生的肌理效果被称为"二次肌理"（图 4-29）。例如，在大理石上雕刻线描装饰画也可以算是"二次肌理"

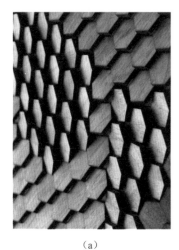
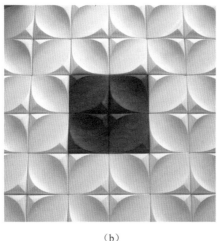

（a）　　　　　　　　　　　（b）　　　　　　　　　　　（c）

图 4-29　二次肌理

（a）凹凸起伏的木制墙面；（b）凹凸花纹的陶瓷墙面；（c）凹凸的金属表皮

2）肌理的类别。肌理可以分为天然肌理、人工肌理、加工肌理和综合肌理四大类。

3）肌理设计的作用。首先，肌理可以表达特定的主题，办公空间的肌理设计与选择由设计理念与设计思路所决定，材料肌理是一种设计语言，可以通过材料与肌理表达空间的氛围与风格。例如，想要表达奢华的设计主题，通常会选择天然大理石、贵金属、水晶等较贵重的材质，以光滑的肌理效果来表达。如果是表达现代主题，则可以选择三聚氰胺木饰面、亚克力等合成的人造材质。

其次，肌理也是表达风格的最好方法。材质与肌理都尽量匹配整体的设计风格去选择。例如，设计北欧风格的办公空间，要匹配与北欧风格吻合的肌理元素，如原始质感的棉麻材质、质朴石材以及原木色家具等。如果需要设计现代风格办公空间，那么当下流行的素水泥、玻璃砖、铝板等都是比较好的选择；如果设计轻奢风格的办公空间，黄铜等金属质感的灯具与家具很值得考虑。

肌理影响装修方案深化及施工的细节。不同材质的肌理决定其施工方式、节点的衔接，也影响检修、维护与更换。

（2）材料质感设计。

1）质感设计定义。质感通过材质来呈现，不同的材质拥有不同的触感和视觉感觉。质感设计的形式美法则主要有对比法则、主从法则、综合运用三种类型。材质是材料和质感的结合。材料的质感是指材料给人的感觉和印象，是人对材料刺激的直接主观的感受与综合印象。

2）质感设计的作用。优良的质感效果可以体现材质美感，提升室内空间环境的档次。因为室内的界面被人们近距离接触，良好的触觉、质感设计，可以提升空间环境的视觉质感及设计美学效果，优良的人造质感可以大大节约装修材料成本，减少对珍贵自然材料的开发，同时也增加了设计师对材料的选择空间。设计师在进行办公空间装饰材料选择时，不仅要考虑材料色彩、性能与价格，还需要考虑材料质感、肌理与设计风格的匹配，设计师对材料的"认材→选材→配材→理材→用材"过程也是办公空间设计的主要工作。

4.4.4　环保办公空间设计要点

环保办公空间 5R
设计原则

室内环境污染主要
物质种类及污染源

大自然是人类赖以生存发展的基本条件，尊重自然、顺应自然、保护自然是世界各国、全球企业应该共同担负起来的社会责任。我国一直在倡导绿色消费，大力发展绿色低碳产业，支持和引导全社会树立绿色发展和低碳发展的理念，推动形成绿色低碳的生产方式和生活方式。

1. 绿色环保办公空间认知

（1）绿色环保设计。绿色环保设计是指将环境因素纳入设计之中，从而帮助确定设计的决策方向。绿色环保设计在设计所有阶段均需要考虑环保属性（可拆卸性、可维护性、可回收性、可重复利用性、无污染、节约能源等），从设计作品的整个生命周期减少对自然环境的影响，使设计达到遵循可持续性的人与环境和谐共生的目标。作为未来的设计师，无论是环境设计还是产品设计，都尽量在设计细节上考虑到生态环保、可持续发展的设计要求。

（2）绿色环保办公空间设计。

1）绿色环保办公空间理念。绿色环保办公空间响应了国家节约资源、减少环境污染的政策，顺应了市场经济发展，有助于帮助人们树立环保理念，引导绿色低碳的生活消费模式，体现亲近自然、尊重自然、爱护自然的理念，也是在践行二十大提出的"绿色低碳的生活方式"。

绿色生态办公空间在选材上注重环保，在能源上强调自然采光与自然通风系统、中水系统及雨水收集渗漏系统、太阳能利用系统、可循环利用、可再生材料、立体化绿化墙、采用隔声降噪措施等。

2）绿色环保办公空间的优点。绿色环保办公空间具有低能耗的特点，"绿色办公"及绿色生态办公空间节约建筑设备投资和降低运营成本，水的循环利用和垃圾的分类处理减少对环境的污染与浪费，有利于企业可持续发展，提升企业社会形象与地位。

绿色环保办公室提升员工在办公环境内的舒适度，有效提高员工的工作效率。有绿色生态机构做过相关的调研，已证实在绿色生态办公室工作可以让员工的工作效率提高 10% 以上。

室内引入自然光、绿色植物及新鲜自然的空气，使工作人员能更直接地亲近自然。开敞的空间环境，良好的通风，形成自然空气对流系统，这些自然元素都在改善员工的健康条件，为他们的健康加码。

　　我国提出"发展绿色低碳产业，倡导绿色消费，推动形成绿色低碳的生产方式和生活方式"，在办公空间方面，绿色环保设计将是未来办公空间设计的主要方向，"绿色环保办公室""节约型办公室"是未来很长一段时间流行的办公空间发展趋势。

2. 环保办公空间设计策略

　　设计师作为建筑装饰行业的重要参与者，持续关注装修行业的环保动态，遵循塑造绿色环保、健康空间的设计原则，通过宣传环保理念及为社会、企业打造绿色环保的环境空间，为我国的"双碳目标"助力。在办公空间设计中，有以下几个方面的设计策略。

　　（1）提倡环保设计理念。在生态设计理念的指导下，进行绿色低碳办公，垃圾分类收集，合理、循环使用办公用品。尽量选择自然采光与自然通风，考虑整体空间的通风效率。通过提高空间的开放性和流动性来增加室内环境的含氧量，让空间更加开敞流通，使得相对开放的办公室环境成为一个绿色循环整体。建立高质量的室内采光系统，最大化使用自然采光，提倡由新能源提供的绿色照明。建立具有生态环境功能、休闲活动功能、景观文化功能的绿化系统。将有机、自然的植物、材质融入室内设计。

　　（2）应用环保装饰材料。从环境保护与员工健康从发，在办公空间设计时选用无毒、无害的材料和产品，尽量使用可循环、可再生、无污染、易降解、可重复使用的装修材料。把对环境造成的危害降到最低，为员工创造一个清新、自然、健康的工作环境。建议使用各类国产品牌的优质新型装饰材料，在设计细节上从环保节能角度思考，在设计中尽量考虑使用环保生态板材、绿色涂料、节能电器等，采用新技术、新材料、新工艺，减少建筑能耗，节约装修成本（图4-30）。

（a）　　　　　　　　　　（b）

图 4-30　使用天然装饰材料的环保办公空间

（a）示意一；（b）示意二

　　（3）装修全程规范施工。办公空间装修施工过程时尽量避免使用过多的胶粘剂，或采用符合国家标准、无害的胶粘剂。工地配置空气净化器，防止灰尘对室内室外的环境污染。施工过程中要注意装修垃圾的分类和处理，避免乱扔垃圾导致环境污染。装修过程中尽量不要大量使用污染空气的油漆涂料，如果必须使用，就选择低危害、无刺激性、气味少的油漆涂料。

（4）软装绿化营造环境。首先，环保办公空间设计通过增加绿植覆盖率，设置多层次的立体绿化系统，不仅可以增加办公空间装饰的丰富性，还可以改善室内小气候及空气质量，从而提高员工的办公体验；其次，利用软装设计的独特性，使用回收的二手家具或陈设用品，通过对废弃的旧材料艺术化的造型处理来呈现新的审美特征，选择环保等级较高的中国品牌的家具（图 4-31）。

（a）　　　　　　　　　　（b）　　　　　　　　　　（c）

图 4-31　环保办公空间软装设计

（a）示意一；（b）示意二；（c）示意三

总结：环保办公空间设计可以从设计创意方面、空间内环保材料使用及装修污染预防方面、低排放废物利用等方面去考虑；在设计中可以从装修材料入手，例如，从环保材料、可回收材料、废弃材料的二次利用等方面展开设计（图 4-32），也可以从环保的设计理念与设计思想上入手，如杜绝材料浪费、不采用昂贵的石材、减量设计，或者体现中国"青山绿水""天人合一"的设计思想等。通过学习环保办公空间的基本概念及绿色环保办公空间的优点，提出环保办公空间的设计策略。

（a）　　　　　　　　　　　　　　　（b）

图 4-32　环保办公空间利用废弃材料的设计

（a）示意一；（b）示意二

　　自从 20 世纪 70 年代"能源危机"爆发以后，普通大众与设计师对"有限资源论"有了普遍认同，也为生态设计的提出提供了理论依据。我国一直在推动绿色发展，提出"人与自然和谐共生"，加快建设绿色低碳循环的发展经济体系的要求。

　　办公空间是企业对外宣传的窗口，体现企业经营理念与社会担当，因此，将绿色环保理念与可持续发展落实在办公空间设计中尤为必要。

4.5　案例分析

项目名称：某创意公司办公设计（学生习作　陈诗雨）
主要材料：原木、废弃二手木材、棉麻布艺、地毯、簇绒地毯等
项目面积：335 m²

　　很多企业的办公室装修费用比较高，大量选用高档石材、软包等装饰材料，造成资源与资金的浪费，也造成企业经营成本加大，在装修过程中还产生大量的噪声、粉尘、污染物和装修垃圾，对环境污染比较大。

　　本案例是一个创意公司的办公室，项目总面积为 335 m²。设计师秉承绿色环保、节能的设计理念，在装修材料上选择二手木材、棉麻地毯、橡木板等作为界面主要材料，开放式办公区均采用天然、环保的家具，用家具形成空间的灵活围合（图 4-33）。本案例设计师回避豪华昂贵的装饰材料，提倡对自然本真办公空间的体验，更是对健康环保设计潮流的顺应。空间布局上动静明确分离，办公区墙面采用大面积木材等可降解的天然环保材质，通过大落地窗来扩大空间感与大自然的空间互动。

（a）　　　　　　　　　　　　　　　（b）

（c）　　　　　　　　　　　　　　　（d）

图 4-33　某创意公司办公设计办公室
（a）示意一；（b）示意二；（c）示意三；（d）示意四

4.6 项目合作探究

4.6.1 工作任务描述

环保办公空间工作任务描述见表 4-9。

表 4-9 环保办公空间工作任务描述

任务编号	XM2-4	建议学时	本项目共 14 学时，理论 6 学时，实训 8 学时
实训地点	校内实训室 / 设计工作室	项目来源	企业项目、行业比赛项目
任务导入	本项目是为一家从事环保的企业设计办公空间，室内面积为 600 m²，设计风格不限，要有创新性，要体现时尚性，装修费用适中，装修材料要环保、节约能源等。需要满足办公、休闲、环保理念、会议等主要功能。本项目需要完成一套环保办公空间概念设计方案等		
任务要求	任务实施方法： 案例分析法、比较分析法、网络调研法、讨论法、项目演练、线上线下混合式教学、翻转课堂等 任务实施目标： 本项目主要任务是设计一套环保办公空间方案，了解环保办公空间设计原则和理念；对环保办公空间展开功能划分。 1. 展开设计调研，分析项目任务书，明确本项目的实训目标与具体任务。 2. 构思办公空间平面设计方案，完成平面方案优化并利用 CAD 绘制平面方案。 3. 对办公空间进行界面设计，对效果图、灯光、软装、家具、部分施工图等进行整体设计。 4. 完成环保办公空间概念设计文本及设计展板 任务成果： 设计成果以文本或展板的方式表达，具体完成以下成果： 1. 环保办公空间设计构思过程分析与设计定位草图、表格（思维导图或表格形式）。 2. 完成环保办公空间方案平面优化方案及顶棚图设计（CAD、Photoshop、手绘等表现形式不限）。 3. 概念草图绘制（手绘立面草图、手绘透视效果图等，A4 图纸 3~4 张）。 4. 完成办公空间界面设计。 5. 手绘效果图及绘制计算机效果图，手绘 2~3 张，计算机效果图 5~6 张（计算机效果图用 3ds Max、SketchUp 等表达均可，表现手法不限）。 6. 完成部分主要立面图、施工图、大样图（选做）。 7. 设计方案说明文字，描述简练。内容包含本项目设计方案平面图、设计定位说明、主要空间设计效果图、主题配色构思、材料选择、设计风格、设计元素、家具和软装选择、部分施工图展示等		

续表

课内时间以交流、辅导、点评、知识点强化为主。课堂以讲授、讨论交流、案例分析、技能训练为主。设计前期准备、设计方案实施等部分项目任务实训在课后完成

	工作领域	工作任务	工作任务 / 相关资源	建议课时
任务实施流程	工作领域 1：设计前期准备	任务 4-1-1 任务解读，团队分工	环保办公空间项目任务书	4.5 学时
		任务 4-1-2 项目调研，资料整理		
		任务 4-1-3 客户沟通，设计分析		
	工作领域 2：设计构思与定位	任务 4-2-1 需求调研，方向明确		4 学时
		任务 4-2-2 设计构思，设计定位		
	工作领域 3：方案设计	任务 4-3-1 功能分析，元素提取	环保办公空间项目实训指导书	4.5 学时
		任务 4-3-2 草图绘制，方案表达		
		任务 4-3-3 成果汇总，文本编制		
	工作领域 4：设计汇报与成果展示	任务 4-4-1 汇报准备，方案完善		1 学时
		任务 4-4-2 设计汇报，作品展示		
		任务 4-4-3 项目总结，教师评价		

课后通过网络检索收集 2 个环保办公空间优秀案例，具体分析平面、界面、风格及设计亮点，图文并茂，800 字左右，作业以 Word 文档提交。

4.6.2　项目任务实施

工作领域 1：设计前期准备

1. 任务思考

课前自修本项目相关知识点，解读环保办公空间项目任务书，完成以下思考问题：

引导问题1：仔细研读环保办公室设计项目任务书，分析任务书内容，明确设计目标与具体任务。

设计目标：＿＿＿＿＿＿＿＿＿＿＿＿＿＿＿＿＿＿＿＿＿＿＿＿＿＿＿＿＿＿＿＿＿＿＿＿

具体任务：＿＿＿＿＿＿＿＿＿＿＿＿＿＿＿＿＿＿＿＿＿＿＿＿＿＿＿＿＿＿＿＿＿＿＿＿

引导问题 2：明确本项目主要设计方向与思路。了解环保办公空间设计的要求，提出合理的初步设计方向与思路，请写在下面。

_____

调查研究

　　随着人类工业文明的高度繁荣，人们对资源的消耗快速增长，无节制地征服自然、掠夺资源的扩张行为给整个自然界带来了无法弥补的损失与破坏，同时也给人类自身的生存造成了严重的威胁。"绿色化、生态化、环保化、人性化"办公空间设计成为核心设计理念。

　　课前通过互联网查找，收集、整理环保办公空间设计资料、设计素材等，对环保办公空间展开设计调研。将所调研的现有办公空间设计中存在的环保方面的问题写下来：

_____

_____

2. 任务实施过程

"工作领域 1：设计前期准备"工作任务实施见表 4-10。

表 4-10　"工作领域 1：设计前期准备"工作任务实施

工作领域	工作任务	任务要求	工作流程	活动记录 / 任务成果
工作领域 1：设计前期准备	任务 4-1-1 任务解读，团队分工	1. 解读项目实训任务书，明确需要完成的任务。2. 了解设计目标，分解设计任务，列出项目实训任务清单。3. 团队分工，项目团队任务分配。4. 根据设计目标与任务，拟订工作计划	步骤 1：解读设计任务书，分析项目任务。步骤 2：明确设计目标。步骤 3：分解具体任务。步骤 4：团队任务分配。步骤 5：拟订工作计划	1. 讨论记录。2. 任务工作单 R-1：项目实训任务清单。3. 任务工作单 R-2：项目团队任务分配表。4. 任务工作单 R-3：项目工作计划方案
	任务 4-1-2 项目调研，资料整理	1. 课前自修本项目知识点。2. 收集、整理设计规范、设计资料备用。3. 分析环保办公空间优秀案例	步骤 1：课前自修相关理论知识。步骤 2：网络调研，收集资料。步骤 3：环保办公空间案例分析	1. 讨论记录。2. 设计资料素材。3. 原始建筑平面图
	任务 4-1-3 客户沟通，设计分析	1. 通过前期客户沟通，掌握项目基本信息，明确客户设计要求。2. 学习沟通技巧，以小组为单位，角色扮演客户沟通（业主、设计师）。3. 对客户装修需求、预计投资、审美倾向列表分析	步骤 1：角色扮演客户沟通，了解客户需求。步骤 2：明确客户要求。步骤 3：提出设计方向与思路。步骤 4：填写装修需求分析表	1. 讨论记录。2. 任务工作单 R-4：工作过程记录表。3. 任务工作单 R-5：装修需求调查表。4. 任务工作单 R-6：装修需求分析表

3. 任务指导

（1）课后通过设计师与客户角色扮演来强化客户沟通技巧能力，明确客户设计要求，填写客户装修调查表，整理客户需求分析表。

（2）用列表分析、绘图分析的方法进行客户需求分析，明确客户设计要求，掌握项目基本信息、客户装修需求、预计投资、审美倾向。

（3）思考本设计阶段需要解决的主要设计问题，整理解决思路与解决方法。

主要设计问题：_____

问题解决思路：_____

解决方法：_____

4. 任务实施评价

根据所完成的任务设计成果，学生自评、小组成员之间互评，填写工作过程评价表 P-1、表 P-2，由组长最后填写小组内成员互评表。

5. 知识拓展与课后实训

课后网络调查环保办公空间的发展状况并思考，将你对环保办公空间未来发展趋势的看法写在下面。

_____

_____

_____

工作领域 2：设计构思与定位

1. 任务思考

课前通过自主探究环保理念、环保设计等知识点，学习、观看教学视频及网络调研。完成以下思考问题。

引导问题 1：如何在办公空间设计中体现环保的设计理念？

_____

_____

_____

引导问题 2：本设计阶段需要解决的主要设计问题有哪些？整理解决思路与解决方法。

主要设计问题：_____

问题解决思路：_____

解决方法：_____

分组讨论：对环保办公空间主要功能需求进行分析，合理安排环保办公空间的功能区域。请在下面写出本项目的主要功能区。

_____

_____

实训 1：用气泡图绘制功能的关系草图，完成主要功能分配。绘制办公空间平面设计方案，完成平面优化，绘制平面设计图；绘制环保办公空间功能分区图、交通流线图，课内实训与课后实训结合完成本任务。

_____

_____

实训 2：课前网络调研、收集优秀设计案例，分析优秀案例的设计理念、设计手法、设计风格等。

_____

_____

（职场直通车）

　　材料是环保之源，在办公室装修中，选用无毒害的绿色装修材料能最大限度地降低室内环境污染。为了员工的身心健康，很多企业在办公室装修时也要求选择绿色环保的材料。我国提出"坚持绿色低碳，推动建设一个清洁美丽的世界"。那么打造绿色环保的办公环境，首选的装修材料应该是绿色、环保、生态的国家达标材料。其次是可回收、可循环使用的材料。

　　课后通过网络调研与拓展学习，了解符合国家环境标准的绿色环保材料。

2. 任务实施过程

"工作领域 2：设计定位与构思"工作任务实施见表 4-11。

表 4-11　"工作领域 2：设计定位与构思"工作任务实施

工作领域	工作任务	任务要求	工作流程	活动记录／任务成果
工作领域 2：设计定位与构思	任务 4-2-1 需求调研，方向明确	1. 装修场所实际情况的分析。 2. 提出项目创意设计方向。 3. 通过前期沟通，填写工作单 R-5：装修需求调查表。 4. 收集办公空间设计相关设计规范	步骤 1：剖析优秀案例的设计理念、设计手法。 步骤 2：通过客户沟通、资料分析，进行装修需求分析。 步骤 3：环保办公空间的设计理念与设计构思。 步骤 4：项目创意设计方向确立	1. 讨论记录。 2. 任务工作单 R-5：装修需求调查表。 3. 过程表格
	任务 4-2-2 设计构思，设计定位	1. 初步设计定位，确立设计风格，展开设计构思。 2. 平面布局、室内交通、顶棚设计等。 3. 根据项目调研及客户沟通情况，确立装修风格、装修材料、色彩、软装定位	步骤 1：设计分析、设计定位，确立设计风格。 步骤 2：设计构思，梳理功能关系与平面布局。 步骤 3：平面方案设计、顶棚设计。 步骤 4：装修风格、材料、色彩、软装的选配	1. 讨论记录。 2. 任务工作单 R-6：装修需求分析表

3. 任务指导

（1）分组角色讨论环保办公室设计的概念设计方向。结合设计任务书，针对设计定位，确定设计风格，讨论分析主要造型元素、材料元素、色彩元素、软装元素等，明确项目整体创意设计方向。

（2）针对项目设计定位，确立设计风格，展开设计构思。通过场地分析、使用人群定位、风格定位及功能分区进行办公空间功能区域的安排。

4. 任务实施评价

根据任务完成情况，学生自评、小组成员之间互评，填写工作过程评价表 P-1、表 P-2，由组长最后填写小组内成员互评表。

快题表现图例

5. 知识拓展与课后实训

课后拓展学习办公空间设计的表现手法、快题设计案例流程与要求，具体见二维码。

工作领域 3：方案设计

1. 任务思考

课前学习环保装修材料，了解环保材料在办公室使用的设计案例，回答以下问题。

引导问题 1：本项目设计需要解决的主要设计问题有哪些？整理解决思路与解决方法。

主要设计问题： _____

_____

问题解决思路： _____

_____

解决方法： _____

_____

引导问题 2：课前分组讨论"办公空间中环保材料应用"，通过分析节能环保公司办公室装修设计案例、节能技术公司办公室装修设计案例，指出这两个案例中所使用的主要环保材料，并写在下面。

_____

_____

引导问题 3：环保办公空间选择的主要设计元素有哪些？简单描述理由。

设计元素： _____

_____

引导问题 4：思考本项目设计元素的选取与提炼，在笔记中记录设计元素提取过程。

_____

_____

微课：办公空间
设计的表现手法

环保装饰材料

素养提升

分组讨论 1：根据前期对环保办公空间的调研，通过所学、所思、所悟，谈谈作为未来的设计师，如何将绿色环保理念与可持续发展落实在具体学习、生活与工作中。

_____

_____

分组讨论 2：伴随现代科技的发展，新型环保材料层出不穷，下面我们来了解几个新材料、新工艺应用的办公空间。列举几种你所知道的环保新材料。

_____

_____

2. 任务实施过程

"工作领域 3：方案设计"工作任务实施见表 4-12。

表 4-12　"工作领域 3：方案设计"工作任务实施

工作领域	工作任务	任务要求	工作流程	活动记录 / 任务成果
工作领域 3：方案设计	任务 4-3-1 功能分析，元素提取	1. 收集资料，完成办公空间功能分析、空间组织与平面布局。 2. 对环保办公空间的功能区域列表分析，根据功能分析，绘制环保办公空间功能分配草图。 3. 完善功能气泡图，分析草图，完成平面方案布局。 4. 绘制平面优化方案和彩色平面图。 5. 对所选取的设计元素进行提炼	步骤 1：绘制空间功能分析图。 步骤 2：绘制交通流线图。 步骤 3：绘制平面方案气泡图。 步骤 4：优化平面方案。 步骤 5：绘制彩色平面图。 步骤 6：设计元素选取与提炼	1. 讨论记录。 2. 平面方案气泡图、草图、彩色平面图。 3. 过程表格。 4. 表 2-6 联合办公空间使用功能表。 5. 设计元素提取图纸

续表

工作领域	工作任务	任务要求	工作流程	活动记录/任务成果
工作领域3：方案设计	任务 4-3-2 草图绘制，方案表达	1. 绘制立面构思草图、手绘透视效果图（水彩笔、马克笔、彩色铅笔）。 2. 绘制计算机效果图（软件不限，表现效果逼真，设计表达清楚）。 3. 完成主要立面的施工图、设计说明。 4. 物料样板与控制手册（选做）。 5. 根据客户需求选择智能化产品（选做）	步骤1：环保办公空间界面设计。 步骤2：绘制概念草图，设计元素提取图，手绘立面、效果图。 步骤3：绘制计算机效果图。 步骤4：利用口头及文字表述方案设计思维。 步骤5：物料样板与控制手册（选做）。 步骤6：完成施工图设计方案（选做）	1. 讨论记录。 2. 过程表格。 3. 平面、透视草图。 4. 计算机效果图。 5. 部分施工图。 6. 设计说明
	任务 4-3-3 成果汇总，文本编制	1. 汇总、检查方案设计，设计文本资料整理。 2. 制作方案设计成果汇报PPT。 3. 比赛设计展板编排（选做）	步骤1：成果资料汇总，制作汇报PPT。 步骤2：制作比赛展板，参加相关比赛	1. 讨论记录。 2. 过程表格。 3. 汇报PPT。 4. 比赛展板

3. 任务指导

（1）首先了解要设计的办公室的功能面积分配的数据。梳理功能关系与平面布局方式，结合客户要求和功能的内在联系分析空间功能关系，对办公空间功能用列表、气泡图进行分析，合理安排各功能空间功能区域。确定交通流线与空间分布、空间组织与平面布局设计；绘制环保办公空间功能分析，绘制平面草图，完成平面方案优化，完成 2 个平面设计方案，用 CAD 软件绘制平面图，绘制彩色平面图。

（2）绘制立面草图，构思草图，设计元素提取过程草图，手绘透视效果图（图4-34）。表现手法不限（水彩笔、马克笔、彩色铅笔等）。用绘图软件完成主要空间的计算机效果图、计算机鸟瞰图（软件不限，表现效果逼真，设计表达清楚）。

（a） （b）

图 4-34 设计构思草图图例（学生习作 周欣慧）

（a）示意一；（b）示意二

（3）绘制平面图，细化部分主要立面的施工图等（图 4-35~图 4-38）。

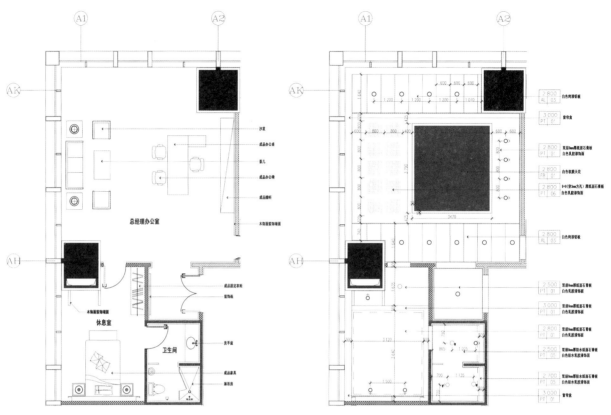

图 4-35　办公空间分区平面图图例　　　　图 4-36　总经理室天花平面图图例

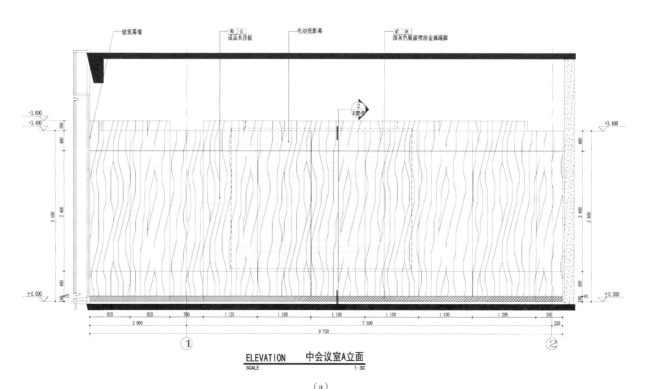

图 4-37　办公空间立面图参考图例

（a）示意一

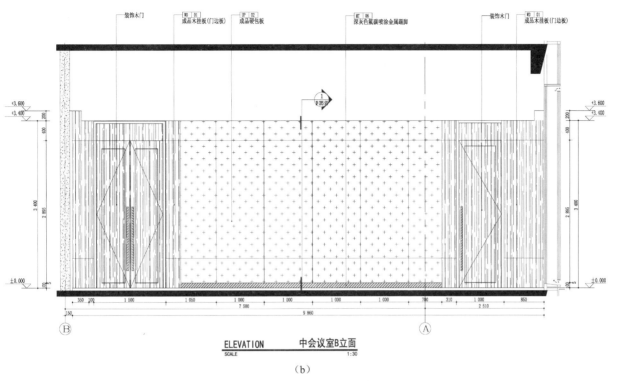

ELEVATION　　中会议室B立面
SCALE　　　　　1:30

（b）

图 4-37　办公空间立面图参考图例（续）

（b）示意二

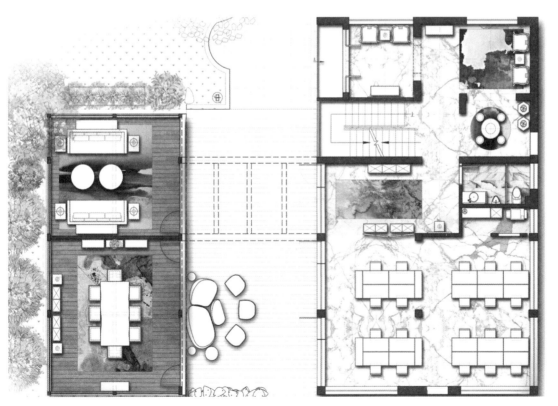

办公空间立面设计
图 CAD

图 4-38　某公司办公室一层彩色平面图

（4）编制成果汇报 PPT，内容包括设计过程图与效果图等，整理后以汇报 PPT 的形式编排，内容包含设计方案平面图、设计定位说明、过程分析图、效果图、主题配色构思、环保材料选择、家具软装、部分施工图选择等（必做）；比赛展板设计，把设计过程图、效果图以 80 cm×1 800 cm 比赛展板排版设计（选做）。

4. 任务实施评价

根据任务完成情况，学生自评、小组成员之间互评，填写工作过程评价表 P-1、表 P-2，由组长最后填写小组内成员互评表。

5. 知识拓展与课后实训

实训 1：由于课内学时有限，课后拓展完成环保办公空间概念草图，手绘立面草图和效果图，绘制计算机效果图等。

实训 2：在笔记中绘制环保办公空间概念草图。

实训 3：准备方案设计汇报 PPT 及设计图册所需资料。

工作领域 4：设计汇报与成果展示

1. 任务思考

课前准备设计汇报的资料，完成设计成果及以下设计说明。

导入问题：利用口头和文字两种方式表述方案设计理念与设计定位。在下面写出 500 字左右的简要设计说明。

_____

_____

_____

_____

_____

_____

_____

职场直通车

办公楼是消防重地，办公室装饰设计过程中消防设计如何做到既符合设计规范，又能美观大方？办公空间的消防有严格的设计规范，在装修前由业主到相关管理部门报批，因此在各项设施方面必须符合消防法的要求，综合楼的消防设计主要依据《建筑防火通用规范》国家标准（GB 55037—2022），自 2023 年 6 月 1 日起实施。商务写字楼是在统一的物业管理下，以商务为主，由一种或数种单元办公平面组成的租赁办公建筑。

2. 任务实施过程

"工作领域 4：设计汇报与成果展示"工作任务实施见表 4-13。

表 4-13　"工作领域 4：设计汇报与成果展示"工作任务实施

工作领域	工作任务	任务要求	工作流程	活动记录／任务成果
工作领域4：设计汇报与成果展示	任务4-4-1 汇报准备，方案完善	1. 项目汇报资料准备。 2. 设计方案文本制作，主要内容包括项目分析、客户分析、项目设计定位、设计说明、设计图纸。 3. 设计方案检查、修改。 4. 汇报PPT	步骤1：环保办公空间项目汇报资料准备。 步骤2：办公空间设计方案成果展示。 步骤3：设计方案检查、修改	1. 讨论记录。 2. 设计图纸。 3. 汇报PPT。 4. 填写过程表
	任务4-4-2 设计汇报，作品展示	1. 分组对项目进行汇报，要求每个团队时间控制在5~8 min，设计流程介绍完整，重点突出，详略得当。 2. 组织设计成果展示，提出修改意见	步骤：分组完成项目设计汇报、设计评价	1. 讨论记录、点评记录。 2. 设计方案汇报PPT
	任务4-4-3 项目总结，教师评价	1. 撰写设计项目总结，要求提炼有价值的问题，能具体分析项目过程中遇到的问题，500字左右。 2. 教师及企业导师点评项目成果	步骤1：学生完成项目总结。 步骤2：教师与企业导师填写工作评价表P-4：项目综合评分表（教师）	1. 项目总结记录。 2. P-3：项目综合评分表（学生）。 3. P-4：项目综合评分表（教师）

3. 任务指导

（1）项目汇报资料准备，设计方案文本制作。设计文本内容包括项目分析、客户分析、项目设计定位、设计说明、设计图纸（平面方案优化设计图、彩色平面图、办公室设计草图、手绘效果图、家具和软装等概念图、主要装修材料图、部分施工图等）。

（2）分组对项目进行汇报，要求每个团队时间控制在5~8 min，设计流程介绍完整，重点突出，详略得当。

（3）撰写设计项目总结，思考本项目的设计亮点及特色，提炼有价值的特色，分析设计中遇到的问题与解决方法，写出500字左右的设计总结。

4. 任务实施评价

根据任务完成情况，学生自评、小组成员之间互评，填写工作过程评价表P-1、表P-2，由组长最后填写小组内成员互评表。

5. 知识拓展与课后实训

（1）拓展学习：国家对办公空间装修设计制定了很多规范与要求，如下面二维码中的制图标准与相关法律、法规。

职场直通车

课后学习《房屋建筑制图统一标准》（GB/T 50001—2017）、《房屋室内装饰装修制图标准》（T/CBDA 47—2021）、《建筑制图标准》（GB/T 50104—2010）、《建筑装饰装修工程质量验收标准》（GB 50210—2018）、《建筑内部装修设计防火规范》（GB 50222—2017）等相关知识。

《房屋建筑制图统一标准》（GB/T 50001—2017）

《房屋室内装饰装修制图标准》（T/CBDA 47—2021）

（2）建筑装饰工程量计算的主要名词。了解装饰工程预决算之前，需要首先了解工程量计算的主要名词（表 4-14）。

表 4-14　建筑装饰工程量计算的主要名词表

名称	内容
工程量	工程量是以工程设计图纸、施工组织设计或施工方案及技术经济文件为依据，按照《建设工程工程量清单计价规范》（GB 50500—2013）国家标准的计算规则、计量单位等规定计算，以物理计算单位或自然计量单位表示的实物数量
物理计量单位	是指物体的物理属性，采用法定计量单位表示工程完成的数量。例如，柱面工程、墙面工程、地面工程等工程量以 m²（平方米）为计量单位，踢脚线、石膏装饰线条、门套线等工程量以 m（米）为计量单位
自然计量单位	是指建筑装饰成品表现在自然状态下的简单点数所表示的个、条、樘、块等计量单位。例如，卫生洁具安装以组为计量单位；灯具安装以套为计量单位；回风口、送风口以个数为计量单位；门以樘为计量单位
工程量计算	根据会审后的施工图中所规定的各分部、分项工程的具体尺寸、数量，以及设备、构件、门窗等各类明细表，参照国家计价规范中各分部、分项工程量的计算规则来进行装饰工程量的计算

（3）建筑装饰工程的工程量计算依据。建筑装饰工程的工程量计算主要依据以下文件：装饰施工设计文件、装饰材料清单、测算方法和相关国家标准和计量规范。然后通过合理的计算方法和实际测量的尺寸，准确地估算出建筑装饰工程的工程量，为工程施工和造价控制提供依据。

1）设计文件。设计文件是工程量计算的主要依据文件之一，建筑装饰施工图、设计说明书及相关标准和规范等文件是计算装饰工程量最重要的依据。

2）材料清单。根据设计文件中的材料要求，工程量计算需要编制材料清单。材料清单包括所需材料的名称、规格、数量和技术要求等详细信息，便于施工时采购和施工过程中对材料质量、价格的控制和管理。

3）工程量测算方法。根据设计文件的要求和实际施工情况，选择合适的工程量测算方法。常见的方法包括逐个部分计算法、逐个单元计算法、逐个工序计算法等。

4）相关标准和规范。工程量计算需要参考国家最新发布的建筑装饰工程造价计算规范、建筑工程量计算规范等相关的标准和规范，确保工程量计算的准确性和规范性。

5）实际测量和调整。为了确保工程量计算的准确性，工程量计算人员还需要到施工现场进行实际工程量的测量和调整。

（4）正确计算建筑装饰工程量的注意事项。计算建筑装饰工程量需要理解设计文件，遵循规范和标准，选择适用的计算方法，并进行实地调查和测量。要考虑材料损耗和浪费，综合考虑各种因素和特殊情况，在完成计算后进行核对和审查，以确保计算结果的准确性和完整性。几个注意事项需要注意：

1）设计文件解读。认真阅读设计图纸、技术规范和施工说明等设计文件，熟悉设计要求和技术细节，确保对工程的要求和细节有清晰的理解。

2）遵循国家规范和行业标准。根据《建筑装饰工程量计算规范》（GB 50500—2013）等国家规范和相关行业标准进行工程量计算。

3）适用计算方法。根据不同的装修工程和施工特点，选择合适的计算方法。可以采用逐个区域或逐个楼层计算的方法，确保准确性和完整性。按照施工顺序及结合定额手册中定额项目排列的顺序来计算，防止重算或漏算造成时间的浪费。

4）准确测量尺寸。进行精确的施工现场实地测量，确保对墙面、地面、天花板等装饰构件的尺寸测量准确无误。

5）材料损耗和浪费。在计算工程量时，要考虑材料的损耗和浪费，确保施工过程中的需要和实际消耗相匹配。

6）综合考虑因素。在计算工程量时，要考虑到各种不确定因素和特殊情况，使计算结果更准确。考虑构件连接和结构细节：对于需要拼接、连接的装饰构件，需要考虑连接部位的材料用量，并合理计算余料；对于特殊形状或特殊结构的装饰构件，如曲线墙面或复杂立面，需要根据实际情况采用适当的计算方法，并考虑到特殊构造的材料使用。

7）工程量计算公式中的数字应按一定次序排列，以方便校核。尽量合理利用图纸上的门窗表、灯具明细表等各种附表的数据内容，这样可以提高编制预算工作效率，节约编制预算的工作时间。

8）计算工程量时，为了方便审核，应采用表格方式计算。计量单位和清单计价规范必须保持一致。除各种专业特殊规定以外，计量单位应采用基本单位，按照以下单位计量：

以重量计算的项目——吨或千克（t 或 kg）；

以体积计算的项目——立方米（m^3）；

以面积计算的项目——平方米（m^2）；

以长度计算的项目——米（m）；

以自然计量单位计算的项目——套、个、块、樘、组、台等；

没有具体数量的项目——宗、项等。

工程计量时每一项目汇总的有效位数应遵守下列规定：

以"t"为单位，应保留小数点后三位数字，第四位小数四舍五入。

以"m""m^2""m^3""kg"为单位，保留小数点后两位数字，第三位小数四舍五入。

以"个""件""根""组""系统"等为单位，应取整数。

9）审查和核对。在完成工程量计算后，可以请相关专业人员参与审查和核对，确保计算结果的准确性。

（5）工程量计算规则。分部分项工程量清单的工程量应按《建设工程 工程量清单计价规范》（GB 50500—2013）附录中规定的工程量计算规则计算。装饰装修工程量清单项目及计算规则，适用于工业与民用建筑物和构筑物的装饰装修工程。装饰装修工程的实体项目包括楼地面工程、墙（柱）面工程、天棚工程、门窗工程、油漆涂料裱糊工程以及其他工程。

（6）办公楼装饰工程计价表格。一套完整的装饰工程招标及竣工的计价表包括以下内容：

1）封面。工程量清单封面、招标控制价封面、投标总价封面、竣工结算总价封面；工程项目招标控制价（投标报价）汇总表。

2）总说明。

3）汇总表（表4-15）。工程项目招标控制价（投标报价）汇总表、单项工程招标控制价（投标报价）汇总表、 单位工程招标控制价（投标报价）汇总表、工程项目竣工结算汇总表、单项工程竣工结算汇总表、单位工程竣工结算汇总表。

4）分部分项工程量清单表。分部分项工程量清单与计价表、工程量清单综合单价分析表。

5）措施项目清单表。措施项目清单与计价表（一）、措施项目清单与计价表（二）。

6）其他项目清单表。其他项目清单与计价汇总表、暂列金额明细表、材料（工程设备）暂估单价表、专业工程暂估单价表、计日工表、总承包服务费计价表。

7）索赔与现场签证计价汇总表。费用索赔申请（核准）表、现场签证表、规费、税金项目清单与计价表。

8）工程款支付申请（核准）表。

表 4-15　办公楼装饰工程预算表（参考样例）

工程名称：某办公楼工程室内装饰工程 1F~5F

序号	项目编码	定额编号	子目名称	单位	数量	人工费	材料费	机械费	管理费	利润	综合单价
			一、1F 室内装饰工程								
			1. 大厅								
1	020102002001		块料楼地面	m²	1 096.86	24.23	150.35	0.46	13.83	3.70	192.57
		12-15	水泥砂浆找平层（厚20 mm）混凝土或硬基层上	10 m²	109.686	3.85	4.29	0.21	2.27	0.61	
		12-96 注换	800×800 地砖楼地面水泥砂浆粘贴（若地砖结合层中使用干硬性水泥砂浆）	10 m²	107.644	19.81	141.78	0.22	11.22	3.00	
		12-63 换	大理石多色简单图案镶贴水泥砂浆	10 m²	2.042	0.57	4.28	0.03	0.34	0.09	
2	020302001001		天棚吊顶	m²	1 096.86	27.58	47.35	1.39	16.22	4.35	96.89
		14-42	Φ8, H= 吊筋750 mm + 螺杆250 mm	10 m²	109.686		3.35	1.05	0.59	0.16	
		14-9	装配式U形（不上人型）轻钢龙骨简单面层规格400×600	10 m²	109.686	11.50	25.75	0.34	6.63	1.78	

续表

| 序号 | 项目编码 | 定额编号 | 子目名称 | 单位 | 数量 | 综合单价组成 / 元 | | | | | 综合单价 |
						人工费	材料费	机械费	管理费	利润	
		14-54 换	纸面石膏板天棚面层安装在 U 形轻钢龙骨上平面	10 m²	109.686	6.82	12.31		3.82	1.02	
		16-306	天棚墙面板缝贴自粘胶带	10 m	142.5918	1.43	0.30		0.80	0.21	
		16-303+ 16-304×1	夹板面满批腻子 3 遍	10 m²	109.686	4.95	2.05		2.77	0.74	
		16-311× 1.5	夹板面乳胶漆 3 遍	10 m²	109.686	2.88	3.59		1.61	0.44	
3	020303002001		送风口、回风口	个	46.00	23.51	90.27		13.17	3.53	130.48
		17-74 换	空调集成风口制作安装	10 个	4.60	23.51	90.27		13.17	3.53	
4	020303002002		灯孔	个	38.00	3.76	3.61		2.11	0.56	10.04
		17-75	格式灯孔制作安装	10 个	3.80	3.76	3.61		2.11	0.56	
5	020303001001		灯带	m²	51.66	6.27	255.00		3.51	0.94	265.72
		14-101 换	透光云石片	10 m²	5.166	6.27	255.00		3.51	0.94	

编制人：　　　　　　　　　证号：　　　　　　　　　　　　编制日期：

4.7　项目评价与总结

4.7.1　综合评价

下载"项目各类评价表"二维码中的表格，打印后填写项目评价表。

（1）小组成员对项目实施及任务完成情况进行自评、互评，填写评价表 P-3：项目综合评分表（学生自评、互评）。

（2）教师及企业专家对每组项目完成情况进行评价，填写评价表 P-4：项目综合评分表（教师、企业专家）。

4.7.2　项目总结

本项目主要学习办公空间的人体工程学、办公家具设计与尺寸、办公空间软装搭配、常用装饰材料、施工图绘制要求等知识，掌握环保办公空间概念与设计要求，通过环保办公空间的设计实训掌握环保办公空间的设计原则、环保办公空间的设计方法与设计策略，熟悉办公空间设计流程，强化设计图纸的绘制能力，为后续的项目课程学习打下专业基础。

某办公室装修预算案例

各类装饰工程招标及竣工的计价表格

项目各类评价表

4.8　知识巩固与技能强化

4.8.1　知识巩固

1. 单选题

（1）肌理可以分为四大类，分别是天然肌理、（　　　）、人工肌理和综合肌理。

    A. 特殊肌理　　　　B. 基础肌理　　　　　　C. 材料肌理　　　　　　D. 加工肌理

（2）质感设计的形式美法则主要有（　　　）、主从法则、综合运用三种类型。

    A. 对称法则　　　　B. 对比法则　　　　　　C. 韵律法则　　　　　　D. 突变法则

2. 多选题

（1）大自然是人类赖以生存发展的基本条件，需要（　　　）。

    A. 超越自然　　　　B. 保护自然　　　　　　C. 顺应自然　　　　　　D. 尊重自然

（2）体现自然环保的办公空间设计尽可能使用（　　　）的环保材料。

    A. 易降解　　　　　B. 无污染　　　　　　　C. 不可回收　　　　　　D. 可再生

3. 判断题

（1）办公空间的装修包括"硬装修"与"软装饰"两个方面。其中，软装饰指办公室完成硬装修之后进行的室内装饰。 （　　　）

（2）办公空间的饰面材料主要有涂料、石材、墙砖、木饰面等，每一种材质都有独特的肌理，从而呈现不同的视觉效果。 （　　　）

（3）肌理，"理"是指物象的表皮，而"肌"是指物象表皮的纹理。 （　　　）

4.8.2　技能强化

1. 通过前期实训项目，请回顾一下环保办公空间的设计步骤。

步骤 1： _____

_____

_____

步骤 2： _____

_____

_____

步骤 3： _____

_____

_____

步骤 4： _____

_____

_____

2. 课后实训：通过调查研究，说明室内环境污染主要物质种类及污染源有哪些。

※ 笔　记

记录设计讨论、设计构思、设计草图、设计文案等，电子作品可打印后粘贴到此处。

项目5 | 未来办公空间设计

5.1 项目导入

本项目位于北京市朝阳区新金融科技中心,周边环境绝佳,基础设施配套完善,紧邻市政公园与城市绿化带。科技中心以实现人、自然、建筑的和谐共存为核心理念,将大自然元素融入建筑体,提供一站式国际化办公需求。拟装修企业为金融科技初创企业,业主希望设计风格简洁,传达科技、健康、活力的理念,为员工设计功能多元、具有科技感的办公空间,让员工在公司享受工作,加强交流,提高办公效率。

5.2 项目分解

5.2.1 项目全境

未来办公空间设计项目思维导图如图 5-1 所示。

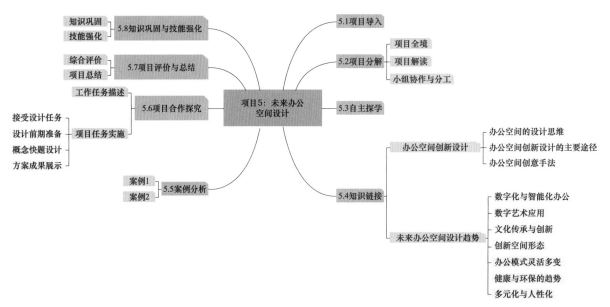

图 5-1 未来办公空间设计项目思维导图

5.2.2　项目解读

未来办公空间设计项目说明见表 5-1。

表 5-1　未来办公空间设计项目说明

概况与要求		项目说明
建筑条件		项目位于北京市朝阳区新金融科技中心的高层建筑，建筑面积大约为 1 200 m²，建筑朝南，位于大楼 9 层，层高 3.8 m，框架结构 建筑原始平面图
客户要求		1. 本项目为一个金融科技的办公空间，满足科技公司的功能需求与年轻人的健康、时尚的审美需求，给员工带来融洽的社区人文环境与科技感。 2. 空间功能多元化，功能定位为入口展示区、路演讨论区、开放办公区、共享休闲区、私人办公区、会议区、餐饮区、健身区等。设计风格简约，体现高科技、多媒体等特点，交通流线通畅、便捷。 3. 装修材料要环保，设计要体现新材料、新科技，装修档次中高档
学习目标	知识目标	1. 了解办公空间的思维创意方法。 2. 了解未来办公空间的五大趋势。 3. 掌握办公室手绘快题设计步骤与方法
	技能目标	1. 具备资料收集、分析问题与解决问题的能力。 2. 具备办公空间创意设计的能力。 3. 具备办公空间快题设计的能力。 4. 具备读图、识图、制图的能力
	素质目标	1. 培养学生追求突破、追求革新的创新意识。 2. 具有团队合作、与人沟通的能力。 3. 培养科技兴国、家国情怀、文化自信。 4. 培养兢兢业业、精益求精的工匠精神

5.2.3　小组协作与分工

根据异质分组原则，把学生按照 2 ~ 3 人成组，小组协作完成项目任务，并在表 5-2 中写出小组内每位同学的专业特长与主要任务。

表 5-2　项目团队任务分配表

项目团队成员		特长	任务分工	指导教师	
班级				学校教师	
				企业教师	
组长	学号				
组员姓名	学号				
	学号				
	学号				

备注说明

5.3　自主探学

课前自主学习本项目的知识点，完成以下问题。

引导问题 1：未来办公的主要发展趋势有哪些？

引导问题 2：灵活型办公有哪些形式？

5.4　知识链接

5.4.1　办公空间创新设计

创新设计是指充分发挥设计者的创造力，融合人类已有的科学、技术、文化、艺术、社会、经济等相关科技成果进行创新构思。创新设计是具有科学性、创造性、新颖性及实用性的一种实践活动。

创新没有固定的模式，创新思维需要设计师平时在设计中不断提高与训练。例如，可以采用头脑风暴等创造性思维策略，也可以通过集体思考、讨论，激发大家的创新思维，还可以用一个主题，在规定的时间内集中构思大量的不同想法，从而产生新颖的想法。

1. 办公空间的设计思维

室内空间设计综合了科学技术与人文艺术，其设计思维模式既有感性思维的模式，又有理性思维的模式，在设计时需要综合多种思维模式来展开概念设计，在室内设计中常用逻辑思维、形象思维、创造性思维、图形分析的思维方式。其中，图形分析的思维方式贯穿整个项目设计过程，以对比优选的思维获得最终的设计成果，具体见表 5-3。

表 5-3　办公空间设计思维

思维类型	特征
逻辑思维	逻辑思维是运用分析、抽象、概括、比较、推理、综合等手段，强调设计对象的整体统一性和规律性，是一种理性思考的过程。 逻辑思维主要用于以下几个方面：项目确定与目标选择；认识外部环境对设计的规定性；设计对象的内在要求与关系；意志与观念的表现；技术手段的选择；鉴定与反馈
形象思维	形象思维是设计特有的思维手段，有一定的空间想象力。形象思维主要包括具象思维和抽象思维两种手法： （1）具象思维：从概念到形象的直接转化。 （2）抽象思维：隐喻非自身属性的抽象概念
创造性思维	创造性思维又称发散性思维：不依常规、寻求变异。其主要特征是流畅（灵敏迅速）、变通（随机应变）、独特（独到见解）

2. 办公空间创新设计的主要途径

办公空间创新设计是设计师运用创新理念进行设计实践，在办公空间室内设计时标新立异、打破常规，发挥创造性的思维，设计出具有新颖性、创造性和实用性的室内空间。办公空间创新设计可以从以下几点出发：

（1）从办公室使用者的需求及用户体验出发，通过以人为本的设计来满足使用者的生理、心理需求。

（2）从创新未来办公空间形态入手，创造奇特的空间造型，发挥对办公空间的想象力与创造力。从创造空间的新功能出发，赋予空间新的功能、新的用途，或者模糊空间界限。

（3）从环保设计理念出发，利用"新材料、新方法、新技术"来降低装修成本，提高环保材料的使用。坚持绿色低碳，节能减排，推动建设一个清洁美丽的世界。

（4）从"人与自然和谐"的哲学思想出发，以"和谐共生"的思想高度去思考办公空间设计，从人、空间、环境三者之间的关系思考办公空间的功能与空间意境的关系，打造高效、舒适的办公环境，以提高工作效率（图 5-2）。

（a）

（b）

图 5-2　"人与自然和谐"的办公室
（a）示意一；（b）示意二

（c）　　　　　　　　　　　　　　（d）

图 5-2　"人与自然和谐"的办公室（续）
（c）示意三；（d）示意四

微课：办公空间的
发展趋势

"新中式"办公空
间设计案例

　　（5）从挖掘中国历史素材、传统文化、地域文化等方面寻找灵感。在办公空间设计时研究当地的文化特色，提取民族传统文化，再将元素提取、演变为新的设计元素加以应用，使中华优秀传统文化、地域文化得到创造性转化、创新性发展。从经典的传统色彩、民族色彩与大自然的色彩中寻找丰富的色系来创意，提高办公空间的视觉冲击力，打造民族化、个性化的空间（图 5-3）。

（a）　　　　　　　　　　　　　　（b）

图 5-3　中式元素陈设
（a）示意一；（b）示意二

　　设计师解决所面临的各种需求和问题，是设计创意的最佳切入点。设计创意思维与创新思维方法可以在下面的拓展知识中了解。

3. 办公空间创意手法

　　设计构思是一项复杂的思维过程，是一种筹划、概念、想象等思维的活动，是通过由表及里的分析、综合、比较，由初步抽象概念发展到具体的形象概念的过程。

　　办公空间的设计构思是提出设计问题、解决设计问题的过程，从设计构思到最后的施工方案实施，每一个设计环节都需要解决办公空间的艺术装饰、材料构造、功能交通、设备协调等很多具体的设计问题。

　　构思具有创新性和多种设计方式，下面介绍几种常见的设计方法，如仿生设计法、定向设计法、逆向设计法、图解思考法、元素提取法、借鉴设计法等，具体见表 5-4。

表 5-4　办公空间常用设计方法

设计方法	概念		
仿生设计法	仿生设计学也称为设计仿生学，是一门仿生学和设计学交叉的新兴边缘学科。可以选择自然界生物的"形""色""音""功能""结构"等特征原理，为设计提供新思想、新原理、新方法和新途径的启示	仿生形态设计	以自然界中的动物、植物、微生物、人类等所具有的典型外部形态为基础，寻求对造型、形态设计的突破与创新，强调对生物外部形态特征的模仿设计
		仿生物表面肌理与质感的设计	生物体的表面肌理具有丰富多样的触觉或视觉表现，肌理涉及感官、触觉层次的体验，通过对生物表面肌理与质感感觉的设计创造，增强仿生造型形态的功能意义和生命力
		仿生结构设计	主要研究生物体外部与内部结构特征、原理的认知，结合其造型设计、内部机构等进行模仿创新设计，使设计造型、结构、形态具有生命内涵
		仿生形式美感设计	从人类的审美需求出发，发现大自然中的形式美感规律，大自然中千千万万生物所蕴含的造型形态体现美的法则，为设计界提供美学的基础
定向设计法	定向设计法是一种设计构思方法，根据人们需求的不同特点，在设计构思时可以针对某一类人群的需求与特征定向展开设计。办公空间设计方面受空间环境的影响和约束，受使用对象、使用功能需求、企业文化、人文地理等条件限制，根据具体风格特点、企业性质、地域文化、功能需求、使用人群进行有针对性的设计，更加符合设计的规律与客户的需求，使项目能更好地落地		
逆向设计法	逆向设计也称反向设计，是从事物的反方向来探求设计构思的方式，设计师跳出固定的思维模式，从习惯思维的相反方向进行思考，开拓设计者的想象力与创造力。 逆向设计法分为原型、反向思考、设计新形式三个阶段。从设计反方向进行综合、全面、深入的观察思考，找出关键问题，从而启发创造新的形象		
图解思考法	设计师常常把大脑中的设计思想通过随手绘制草图等视觉形象来表现，使设计思想形象化，方便与人沟通自己的设计构想。图解思考是通过绘制插画、图形、图表、表格、关键词等"视觉"图形、图表来表达清晰、全面的设计思想，帮助设计师有效地分析问题和理解问题，寻求解决问题的方案。图解思考法打破了传统的线性思考模式，将复杂问题简单化，将抽象问题具体化，快速找到解决问题的突破口。图解思考法在设计推敲过程中可以帮助设计师思考设计的细节，把各个设计对象及功能之间的关系一目了然地呈现出来		
元素提取法	我国优秀传统文化源远流长、博大精深，是中华文明的智慧结晶。当代设计中，很多真正被设计界所推崇的优秀设计作品往往都具有本民族的特色，所以，设计也需要坚定文化自信，将中华优秀传统文化创造性转化、创新性发展。设计师通过研究中国传统哲学思想与艺术美学，提取传统建筑、艺术、美术、图形、工艺品中的设计元素，在办公空间设计中应用中国优秀的设计理念、建筑结构、空间功能布局及造型等。传统文化设计元素提取—提炼创新—设计应用的过程，也是设计创意中的一个重要步骤		
借鉴设计法	借鉴设计法也称移植设计法，是指将某一领域的科技原理、方法、创造的成果等成功地应用于另一领域，从而形成新的创意。设计师在办公空间设计时也可以借鉴以往优秀的成果，引入某些设计因素，加以改造与创新，再创造出新的形式。但是要注意借鉴不是临摹、抄袭，需要有再创作的过程		

5.4.2 未来办公空间设计趋势

科技发展与信息网络发展对整个社会与个人的生活、工作都带来巨大的冲击，远远高于历史上的任何时代变革的影响。因特网打破了办公时间的限制，拓宽了办公空间，改变了办公模式及沟通方式，使企业管理模式从传统的垂直式企业组织管理结构逐渐往扁平化、分散化的组织结构发展。

办公模式呈现出多元化的发展趋势，出现了共享办公、虚拟办公、移动办公、元宇宙办公等智能型办公形态，作为办公载体的办公空间也发生剧烈的变化。

新型的办公空间将变成一个网络系统，包括交流功能为主的空间设计和多元化的工作方式。办公室不再是传统的、程序化的工作场所，将转变为一个高度灵活的、信息交流的场所，办公空间也往智能型办公方向发展。

同时，智能型办公空间对设计师提出了更高的要求，设计师要与其他专业人士跨界合作，掌握工程技术、信息技术、美学、高级人类工程学、环境心理学和生态学等知识，从创新性的角度来创造一种全新的、健康的办公空间设计模式。

未来的设计师更需要改变以往陈旧的设计观念，与时俱进地更新知识，培养科技兴国、创新的意识。从现有的研究资料来看，未来办公空间将向以下几个方面发展。

1. 数字化与智能化办公

随着数字技术的快速演进、企业数字化转型的深化、IT 终端设备的升级，远程办公将逐渐趋于常态化。在技术平台的赋能之下，用户也已感受到数字化的高效与便利，远程办公、远程开会、远程教学、远程协作等数字化办公是未来的发展趋势。

我国制造业开始往高端化、智能化及绿色化方向发展。智能化办公产品的制造将是未来几年我国办公产品的主要发展方向。同时，办公系统的智能化也将普及到各个企业与个人。

智能化办公空间设计将追随时代的发展脚步（图 5-4），在设计中结合科学、人文及艺术来综合考虑。从科技化、智能化、工作生活融合、设计主题与风格艺术表现等方向渗透，来实现完美的科技智能型办公空间。

智能化办公空间
案例

智能化办公

自动化	互联网化	物联网化	人工智能
V0.0	V1.0	V2.0	V3.0

图 5-4 科技发展与智能化趋势

办公智能化涵盖的范围较广泛，包括智能门禁、智能会议、智慧行政、智能照明系统、空气质量监测系统、虚拟现实办公、数字艺术应用等。

（1）智能化办公。未来的智能化办公，最主要是实现人、物、空间的互动，将所收集的数据输送到云端，形成终端采集、远程控制、软件管理、大数据分析、预测结果的系列反应，为办公人员带来丰富、便捷的工作体验。智能化办公主要有智能安防门禁系统、智能会议、智慧行政、智能工位、智能照明系统、智能空气检测系统等。

（2）虚拟办公室。通过创建一个虚拟工作环境，让身处不同地区的员工建立社区意识，促进工作上的联系与协作，密切人际关系，培养团队精神与企业文化。当然，虚拟办公需要依靠 VR 眼镜、系统支持的智能装备，通过对头部和手势的跟踪，把现实当中所做的所有动作通过追踪进行识别，然后通过虚拟化身再现出来。追随着元宇宙科技发展的脚步，未来通过 VR/AR、全息投影等技术，实现三维形式的办公场景将会是一种办公新常态。

（3）元宇宙办公。早在 1973 年，人们就开始探索全新的远程办公方式。随着科技不断地发展、元宇宙的大热，当虚拟办公媒介能够实现高效的远程办公，并带来类似体验，迈入元宇宙办公是一种必然。

目前，国内外已经有多家元宇宙办公平台开始运营。比起传统的远程办公，元宇宙的虚拟办公室是一种虚拟的、没有物理场所的数字办公室，加上 MR、VR 等技术的应用，增强了使用者的临场感和沉浸感。

元宇宙办公平台，可以让企业用户开展线上虚拟办公室，用户通过元宇宙的虚拟人物与其他同事的虚拟人物在同一个虚拟空间中进行协作，创造了沉浸式办公、会议、协作等办公体验，解决了传统线上办公团队凝聚力减退等痛点。这不仅可以让不同地点的用户在全息环境中进行协作，而且用户还可以加入虚拟会议、发送聊天、协作共享文档等（图 5-5）。

 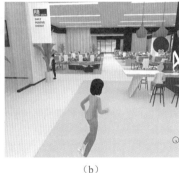 

（a）　　　　　　　　　　（b）　　　　　　　　　　（c）

图 5-5　线上虚拟办公的工作场景

（a）示意一；（b）示意二；（c）示意三

2. 数字艺术应用

从办公、娱乐到信息传递，现代人的生活离不开数字技术与数字艺术。在办公空间中，可以通过数字技术对艺术进行三维动态创作，使创意设计在展示载体与交互性方面更加立体化、动态化，同时增强使用者的场景感体验（图 5-6）。

通过数字代码的输入，使得充满科技感的艺术作品借助数字技术，从视觉、听觉、感觉等多维度去营造沉浸式数字艺术空间，达到身临其境的效果。人们对艺术表现的探寻也从未止步，从梦幻到虚拟，从秩序到怪诞，任何夸张、变异、酷炫的艺术表现形式都可以成为现实（图 5-7）。

图 5-6　海洋主题办公室的艺术装置　　　　图 5-7　某科技公司"数码叶序"艺术装置

3. 文化传承与创新

千篇一律的办公室使人乏味，未来的办公空间将借助地域文化、历史人文、非遗艺术、民间艺术等体现企业的文化属性与文化特质。未来办公空间已不满足于仅仅实现办公功能，其还是对外交流链接、对内凝聚提升的利器。在办公室设计中植入企业文化特质，企业通过办公空间展现品牌特色，表达企业精神与文化，未来办公空间更加注重艺术表现与地域文化、企业文化的融合。

（1）历史文化传承。近几年，每个城市开始寻找自己独特的属性，对于地域性历史文化的挖掘与保留的观点已逐渐被认同。在办公空间设计中，保留部分历史遗迹，借助不同的表现形式的设计创新，带给人们不一样的艺术感受。图 5-8、图 5-9 所示的几个案例，让我们了解如何把历史的厚重感带入当代的办公空间设计中，让人们感受到时代的演变，穿梭于历史、现实和未来之间（表 5-5）。

表 5-5　文化传承与创新设计手法

设计手法	内容
保留部分历史遗迹	图 5-8 所示的案例是一个老厂房的改造设计，根据原建筑的结构情况，对部分结构进行加固和改造，以保持建筑的完整性及空间构造和形式特征。在改造的过程中，尽可能地保留其原来的材质肌理及建筑特性。在翻新时保留原有建筑框架、石材、墙的材质与主要结构等。通过现代设计手法，采用部分新材料来塑造内部空间，让历史与现代的室内办公融为一体，同时展示历史与现代的对话
创新建筑翻新改造	对原历史遗迹翻新项目，可以通过移植与保留部分遗迹或建筑构件的方法呈现历史感（图 5-9）。包括木材、石材、墙面等原建筑材料，这些老旧的材料有着无法替代的岁月的痕迹。老材料的岁月感与现代设计的时尚感交融，呈现富有历史质感的现代办公空间的魅力，展示对历史文化的全新解读

（a）　　　　　　　（b）　　　　　　（c）

图 5-8　老旧厂房改造的办公空间（保留部分历史遗迹）　　　　图 5-9　古老的牌楼建筑
（a）示意一；（b）示意二；（c）示意三　　　　　　　　　（创新建筑翻新改造）

（2）文化元素创新设计。有些历史景观与建筑没有办法原封不动地运用到新空间中，其原有的材料也不能满足装饰施工要求，这时就需要对历史文化元素进行提取与创新设计。提取原址中历史文化的内涵、空间格局等元素进行再设计，如图 5-10 中运用北京传统四合院建筑的院落围合文化，用现代玻璃材料重新搭建一个新的办公空间。通过这种设计，既展示了当地文化元素，又对历史文化进行了创新性的传承。

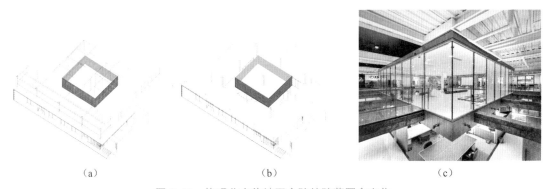

（a）　　　　　　　　　　（b）　　　　　　　　　　（c）

图 5-10　体现北京传统四合院的院落围合文化
（a）示意一；（b）示意二；（c）示意三

4. 创新空间形态

（1）曲面异化的空间形态。办公空间的设计需要有差异化与个性化。结合企业理念、行业特征来塑造与众不同的办公空间。办公空间个性化设计在以整体环境意识为指导下，通过空间造型、空间氛围、材料运用、色彩应用、灯光运用等彰显个性。通常采用点、线、面的构成形式，通过曲线带来跳跃的节奏；弯曲的曲面塑造奇特的异度空间（图5-11、图5-12），透明的面片塑造透叠的梦幻效果，借助不同的表现手法塑造空间感和神秘感。

图 5-11　曲面造型的办公区（学生习作　史帅）

办公空间虚拟空间视频（学生习作 史帅）

办公空间虚拟空间视频（学生习作 周相汝）

（a）　　　　　　　　　　　　　　　　（b）

图 5-12　科幻主题异形办公空间设计

（a）示意一；（b）示意二

（2）虚拟太空宇宙空间。浩瀚的宇宙空间遥远而充满未知，对宇宙的探索从未停止过。很多设计师围绕宇宙、航空登机站、飞行器、时空隧道、黑洞、异次元、太空舱等元素来探寻未来的办公空间设计，通过对上述元素的设计创新，最终打造出充满科幻、光影、梦幻的未来办公空间。让工作中的员工感受到自己是虚拟空间的漫步者、未来科技的探索者（图5-13~图5-17）。

图 5-13　交互式墙体设计　　图 5-14　星际旅行主题会议室设计　　图 5-15　星际旅行主题休息区设计

图 5-16　太空漫游主题办公空间设计（飘浮的陨石）　图 5-17　太空漫游主题办公空间设计（时空隧道）

5. 办公模式灵活多变

未来的办公空间更加依赖"云平台"与数字化平台。"自由""共享""协助""数字化"是未来办公的新方向。未来将有很多企业实行弹性灵活办公，让办公场景能够自由组合和快捷变换，也方便企业应对团队规模变化及业务方向变化。虽然目前采用灵活办公模式的员工不到15%，但是，据统计，全球67%的企业有计划拓展灵活办公模式的规模。

（1）远程办公。远程办公模式是指通过现代互联网技术，实现非固定办公室的办公模式，员工可以自由选择办公地点，可以在家办公、在出差旅途交通工具中办公、在咖啡馆办公等。远程办公的优点是节约上班的交通时间与办公空间的租赁、装修、家具等成本；缺点是不能面对面交流，团队之间的"协同感"比较弱，未来的智能化科技发展，通过MR、VR等技术应用，这种沟通的"场景感"和"协同感"会有所改善。

（2）协作协同办公。未来的办公模式将发生较大的变动，无论兼职协同工作，还是专职工作，都将被精细化分割。分工的精细化使公司内外的工作人员的技能和专业智慧被有效协同起来，不同地区的人将通过网络协作完成某项工作。人们将借助信息技术、先进的设备使技术服务更加自由地合作，以更高的效率适应更多场景的办公需求。

（3）移动办公。移动办公是指办公人员可以带着便携式计算机在任何地点（Anywhere）、任何时间（Anytime）处理与业务相关的任何事情（Anything）的办公模式。移动办公是云计算技术、通信技术与终端硬件技术融合的产物，其可以让人们摆脱时间和空间的束缚，随时随地办公。

"移动办公室"的体量比较小，并采用模块化设计。在开放式办公区内通过多种形式、不同尺度及灵活可变的家具组合模块，实现单元模块灵活可变的办公空间（图 5-18）。有的移动办公室在交通工具上设置，方便工作繁忙的人士可以安静、高效地在旅行途中办公（图 5-19 ~ 图 5-21）。

(a)　　　　　　　　　　　　(b)　　　　　　　　　　　　(c)

图 5-18　可移动办公单元车
(a) 示意一；(b) 示意二；(c) 示意三

图 5-19　移动办公盒子设计

图 5-20　未来的汽车办公模式

（a）

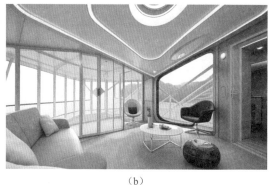

（b）

图 5-21　轮船舱体办公空间设计

（a）示意一；（b）示意二

6. 健康与环保的趋势

人们每天有 1/3 的时间是在办公空间中度过，因此，办公环境是影响人类健康生活的重要因素之一。当下，现代化办公室里的白领仍然忍受着如"办公室综合征"等各类疾病的困扰，人们对于环保健康的办公环境有着强烈的需求。因此，办公空间的绿色设计、环保节能及生态化、智能化设计被高度重视。

（1）节能低碳设计。低碳环保设计理念的推行是践行我国提出的"坚持绿色低碳，推动建设一个清洁美丽的世界"，也是设计师的社会职责。

在设计时遵循经济适用性原则，以业主的实际财力出发，充分发挥新材料的优越性和功效，减少天然昂贵装饰材料的消耗，装修材料选择时避免追求奢华、消费性装修，尽量做到废物利用、材料的二次利用。

（2）亲自然设计。在我国文化中，自然被视为大道，是人类生存的根本，并形成了许多需要遵守的规则和传统。人与自然和谐共处，是中国传统哲学的中国智慧。我国提出以更大的力度、更实的措施推进环境保护，推动绿色发展，坚持人与自然和谐共生，为全球生态环境保护贡献中国智慧与中国力量。

办公空间中"亲自然"设计理念是一种推进环境保护设计的解决方案，将能自然降解的自然材质应用于办公空间环境中，既满足人类对自然的渴望，又拉近人与自然的距离，达到环保与节能的效果。

大自然是人类赖以生存发展的基础，因此，人们需要尊重自然、顺应自然、保护自然，探索人与自然和谐共生的环境，在办公空间设计中引入自然界的天然材料与设计元素，利用木材、石头、植物、泥土、云朵等常见自然元素（图 5-22），营造温馨、自然的办公环境，以及身处原始森林的视觉与触觉感受。

（a）
（b）

图 5-22　亲自然办公空间
（a）示意一；（b）示意二

（3）健康环保设计。随着人们健康意识与环保意识的提高，健康环保的生活理念深入人心，成为当下生活的主流。消费者对装修材料的要求更加全面，他们不仅需要装饰材料美观耐用，还需要健康环保。在装饰材料的选择上首选可循环利用、可再生的绿色材料，减少装修废料对自然环境的污染（图 5-23）。

（a）
（b）

图 5-23　可降解、可再生的绿色材料为主的办公空间
（a）示意一；（b）示意二

7. 多元化与人性化

在现代化办公中，工作团队成员间需要进行有效的协作、沟通，这一需求促使多元化办公室设计成为未来设计的主流。在一个多元化的空间中，不强制要求使用固定工位，员工可以随心所欲地选择自己喜欢的空间来办公。这使得员工在工作中获取自身的归属感和乐趣，从而提高他们的工作效率。

（1）多元化设计。多元化的设计通过需求探寻开放空间和私密空间之间的平衡，借助巧妙的空间设计，打造复合式办公空间，创造更加灵活便捷、易于协作与互动交流的办公环境（表 5-6）。

表 5-6　多元化办公空间设计

类型	特征
色彩搭配多元化	色彩搭配多元化是指每个单独的空间采用不同的色彩搭配，如会议室、办公区、休闲区之间可采用不同的色调，来展示每个空间的不同，营造轻松活跃的工作氛围（图5-24、图5-25）
装饰材料多元化	装饰材料呈现多元化、高品质、绿色环保的特点。伴随科技的发展，科学家每年研发出大量的新型环保装饰材料，装饰材料的种类越来越多，具有不同的用途与性能。设计师选用这些价格适中、性能优良的新材料，不仅可以达到完美的装饰效果，还可以节约装修成本，减少资源浪费
空间功能多元化	未来多元化办公空间融合工作、生活、交流等各种功能，办公空间的功能由单一走向复合，空间功能由不变走向可变。未来的办公室更加注重全体员工的交流与互动，用于共享交流的空间、促进人际交往与协作的空间面积分配会加大，还会配置较多的生活区域、休息空间、运动空间，功能上增加餐饮、健身、娱乐、会议、游憩等生活休闲空间。以前的封闭式办公逐渐向开放式转化，功能区域的设计更加注重个人的健康和成长。多元化办公室的工作与生活界限模糊，生活场景常常出现在办公空间中

图 5-24　科技感办公空间色彩设计　　图 5-25　活泼的办公空间色彩搭配（学生习作　史帅）

（2）人性化设计。未来办公空间无论是外观、内部空间还是整体设计都将"以人为核心"，更加关注精神功能。无论是设计风格，还是照明与色彩，都融入企业特征。布局、通风、采光、交通线路都更加人性化，环境设计更加贴近自然。

未来办公空间和生活空间将逐渐融合 SOHO（Small Office Home Office）、MO（Mobile Office），这类办公模式与空间类型更加便于人们沟通、增进感情。未来办公空间的设计越来越人性化与生活化已经是大势所趋，设计上会更多地考虑增加工作环境的舒适度，减轻员工的工作压力。

总结： 通过学习办公空间的科技化与智能化办公，注重文化传承与创新趋势、创新性空间形态呈现趋势、办公形式灵活多变趋势、重视健康与环保趋势、多元化与人性化趋势五大趋势，更好地掌握未来办公空间的设计方向。

5.5　案例分析

案例1:

项目名称: "海洋深渊"生物医药实验室(学生习作　张思雨)

主要材料: 钢铁、不锈钢、塑料、玻璃、混凝土、LED光纤、发光面料、环氧地坪等

项目面积: 2 100 m²

生物医药实验室是信息时代的颠覆性的科技与研发行业,设计师希望借海洋元素与工业时代元素符号来映射生物医药实验室所研发的产品是海洋生物提取物。

在材料运用上偏向工业化的混凝土、环氧地坪、钢管、各种管线、玻璃、新型LED光纤发光面料等材质,以彰显工业化、科技化的气质。通过流动扭曲的空间动线与视线设计,为办公的研发人员提供一个拥有奇特感受的多功能办公空间。以弧线切割的方式来塑造空间,线条如激光射线,利用光影演化出宇宙之蓝,模拟自然能量与智能科技之间的传递,让人无限遐想,如同穿越时空。

在整个空间的造型上,虽然借鉴了工业元素,如钢架、传输管道等元素,但做了简化与概念化处理。昏暗的光线营造空间的神秘感,海母、海浪等海洋元素与酷炫变换的灯光时隐时现,带给人身处深渊的科幻感(图5-26)。

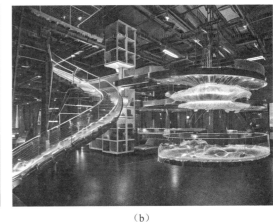

(a)　　　　　　　　　　　　　　　(b)

(c)　　　　　　　　　　　　　　　(d)

图 5-26　"海洋深渊"生物医药实验室设计(学生习作　张思雨)

(a)示意一;(b)示意二;(c)示意三;(d)示意四

（e）　　　　　　　　　　　　　　　（f）

图 5-26 "海洋深渊"生物医药实验室设计（学生习作 张思雨）（续）

（e）示意五；（f）示意六

案例2：

项目名称： 某短视频制作企业办公空间（学生习作 高天馨）

主要材料： 金属、管道、金属网（不锈钢）、各类玻璃、素水泥、皮革等

项目面积： 1 100 m²

本项目是一家短视频机构，设计师利用一个沉浸式的、流畅的空间流线合理地规划出社交、娱乐、工作、学习等多元化的办公功能。设计采用金属、管道、金属网、各类玻璃时尚元素，展开对未来的办公方式畅想。以"未来超链接"为设计灵感，将办公室打造成"星球"空间，培训室的设计也来自飞行舱的灵感，利用不规则的太空舱体的造型来营造身处飞行器的体验感（图 5-27）。

（a）　　　　　　　　　（b）　　　　　　　　　（c）

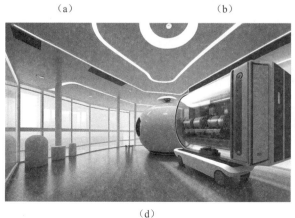

（d）　　　　　　　　　　　　　　　（e）

图 5-27 某短视频机构办公空间

（a）示意一；（b）示意二；（c）示意三；（d）示意四；（e）示意五

5.6　项目合作探究

5.6.1　工作任务描述

未来办公空间工作任务描述见表 5-7。

表 5-7　未来办公空间工作任务描述

任务编号	XM2-5	建议学时	本项目共 14 学时，理论 6 学时，实训 8 学时
实训地点	校内实训室 / 设计工作室	项目来源	行业比赛项目
任务导入	本项目是为一家从事科技电子产品研发的企业设计办公空间，占地面积 1 000 m²。使用对象主要是科技研究人员，设计风格不限，要有创新性、电子科技企业特色。突出互联网＋新科技，功能布局要有灵活性，体现共享、多元、科技。装修费用适中，装修材料要环保、节约能源、可再生等。需要满足办公、讨论、商务会谈、休憩、文化展示等主要功能。本项目需要完成设计调研与分析、办公空间手绘设计快题等		

任务要求：

项目实施方法：

案例分析法、比较分析法、网络调研法、讨论法、项目演练、线上线下混合式教学、翻转课堂等

任务实施目标：

本项目的主要任务是项目任务书分析，明确任务目标与具体任务；展开设计调研，明确设计要求；构思办公空间平面设计方案，完成平面草图绘制；对各办公空间的各功能空间进行界面草图设计，并完成手绘效果图；完成手绘设计概念快题方案设计

任务成果：

1. 完成未来办公空间设计构思与概念草图绘制（手绘草图表达）。
2. 完成未来办公空间概念设计方案，设计方案汇报 PPT。
3. 对各空间进行平面设计、界面设计（CAD，Photoshop）。
4. 完成效果图绘制，手绘立面草图、手绘效果图等（手绘工具与表现手法不限）

课内时间以交流、辅导、点评、知识点强化为主。课堂以讲授、讨论交流、案例分析、技能训练为主。设计前期准备、设计方案实施等部分项目任务实训在课后完成

工作领域	工作任务	工作任务 / 相关资源	建议课时
工作领域 1：接受设计任务	任务 5-1-1 项目解读，任务分解	未来办公空间项目任务书	0.5 学时
	任务 5-1-2 团队分工，计划拟订		
工作领域 2：设计前期准备	任务 5-2-1 设计调研，元素收集		6 学时
	任务 5-2-2 需求调研，报告撰写		
工作领域 3：概念快题设计	任务 5-3-1 设计构思，设计定位	未来办公空间项目实训指导书	6.5 学时
	任务 5-3-2 概念设计，方案绘制		
	任务 5-3-3 快题设计，展板制作		
工作领域 4：方案成果展示	任务 5-4-1 汇报准备，报告编写		1 学时
	任务 5-4-2 方案汇报，作品展示		
	任务 5-4-3 项目总结，教师点评		

5.6.2 项目任务实施

工作领域 1：接受设计任务

1. 任务思考

课前通过自修办公空间设计创意思维、未来办公空间设计趋势等相关知识点，观看教学视频，完成以下思考问题。

建筑原始平面图

引导问题 1：未来多元化办公空间的设计原则是什么？

_____

_____

_____

_____

_____

引导问题 2：通过网络调研，了解未来智慧办公空间的设计方法。

_____

_____

_____

_____

_____

引导问题 3：本项目的工作任务有哪些?

_____

_____

_____

_____

_____

课前仔细阅读项目任务书，明确本项目需要完成的主要工作，把主要的工作任务填写在任务工作单 R-1 中。

引导问题 4：现代智能型办公、元宇宙办公、虚拟办公、移动办公等都是未来办公模式的新趋势，谈一谈你对这些新型办公模式的看法。

_____

_____

_____

_____

素养提升

讨论主题：谈谈如何"自信自强、守正创新"，开展办公空间设计。

小提示：作为未来的设计师，需要思考如何在设计中坚守文化自信、文化立场；在增强中华文明传播力、影响力方面如何承担社会责任；如何用设计来提炼展示中华文明的精神标识和文化精髓，传播中国声音，展现可信、可爱、可敬的中国形象。

_____

_____

2. 任务实施过程

"工作领域 1：接受设计任务"工作任务实施见表 5-8。

表 5-8 "工作领域 1：接受设计任务"工作任务实施

工作领域	工作任务	任务要求	工作流程	活动记录 / 任务成果
工作领域 1：接受设计任务	任务 5-1-1 项目解读，任务分解	1. 仔细研读项目任务书，明确任务要求。 2. 分解任务书要求，明确本项目主要任务。 3. 明确项目设计目标	步骤 1：研究项目设计任务书。 步骤 2：明确项目设计目标。 步骤 3：分解工作任务，明确本项目主要任务。 步骤 4：填写任务工作单 R-1	1. 讨论记录。 2. 任务工作单 R-1，项目实训任务清单
	任务 5-1-2 团队分工，计划拟订	1. 根据设计任务书，制定合理的团队成员工作任务分配方案。 2. 根据任务书拟订项目工作计划方案	步骤 1：列表填写主要工作任务。 步骤 2：团队成员进行工作分工。 步骤 3：制订工作计划	1. 讨论记录，实施过程记录。 2. 任务工作单 R-2：项目团队任务分配表。 3. 任务工作单 R-3：项目工作计划方案。 4. 任务工作单 R-4：工作过程记录表

3. 任务指导

（1）通过研读项目任务书，明确设计任务要求、项目设计目标，分解工作任务，制订合理的团队成员工作任务分配方案。

（2）能根据任务书主要任务，拟订项目实施工作计划。

4. 任务实施评价

根据任务完成情况，学生自评、小组成员之间互评，填写工作过程评价表 P-1、表 P-2，由组长最后填写小组内成员互评表。

5. 知识拓展与课后实训

小组讨论新技术、新产业、新业态的发展对办公空间设计有哪些影响。

小提示：近几年，我国在产业结构方面将持续升级，新技术、新产业、新业态发展迅猛，智能化、绿色化和服务化转型步伐加快。分组讨论我国新技术、新产业、新业态发展趋势对办公模式与办公空间设计的影响。

工作领域 2：设计前期准备

1. 任务思考

课前查找未来办公模式及办公空间的发展趋势，未来办公空间的主要功能，回答以下问题。

引导问题 1：未来的办公模式及办公空间的发展趋势有哪些？与当代传统办公模式和办公空间有哪些不同？

_____

_____

_____

引导问题 2：未来办公空间的主要功能有哪些？用户对未来办公环境的需求有哪些？

_____

_____

_____

2. 任务实施过程

"工作领域 2：设计前期准备"工作任务实施见表 5-9。

表 5-9　"工作领域 2：设计前期准备"工作任务实施

工作领域	工作任务	任务要求	工作流程	活动记录 / 任务成果
工作领域 2：设计前期准备	任务 5-2-1 设计调研，元素收集	1. 课前自修教材中的相关知识点视频及课件，学习未来办公空间的创意方法、未来办公空间的设计趋势。 2. 未来办公空间功能分析资料收集。 3. 绘制各类分析图。 4. 展开设计调研，了解未来办公空间的创意元素	步骤 1：自主学习知识，网络调研。 步骤 2：未来办公空间调研资料收集。 步骤 3：展开设计调研，了解未来办公空间的发展趋势、功能变化及创意元素。 步骤 4：绘制各类分析图	1. 讨论记录。 2. 调研资料。 3. 任务工作单 R-6：装修需求分析表。 4. 分析草图
	任务 5-2-2 需求调研，报告撰写	1. 通过调研，收集关于《未来办公空间发展趋势》的分析报告，并对资料进行整理分析。 2. 明确未来办公空间发展趋势，撰写调研报告	步骤 1：调研资料整理。 步骤 2：撰写《未来办公空间发展趋势》调研报告	1. 讨论记录。 2. 调研资料。 3. 调研报告

3. 任务实施评价

根据任务完成情况，学生自评、小组成员之间互评，填写工作评价表 P-2，由组长最后填写小组内成员互评表。

4. 知识拓展与课后实训

查一查：

1. 课后通过调查研究，查找元宇宙概念及未来的发展趋势，了解元宇宙办公发展现状及未来的发展方向。

2. 课后通过网络调研，收集虚拟办公设计案例，了解各种虚拟办公平台及具体内容。

元宇宙办公发展
历程

工作领域 3：概念快题设计

1. 任务思考

课前学习中国传统文化在办公空间的应用案例，学习办公空间设计定位要点，回答以下问题。

引导问题 1：如何在办公空间设计中提炼与展示中华文明的精神标识和文化精髓，传承与延续优秀的中国传统文化？坚守中国传统文化的宣传，推动中国传统文化更好地走向世界。

_____

_____

_____

引导问题 2：课前思考未来办公空间的设计方向，写下对未来办公空间的设计构思。

_____

_____

_____

引导问题 3：写下本项目的设计理念、设计定位、设计元素，简单描述理由。

设计理念：_____

_____

设计定位：_____

_____

设计元素：_____

_____

设计风格：_____

_____

引导问题 4：未来办公空间设计的主要空间形态如何设计？

_____

_____

_____

素养提升

　　讨论主题，通过在本项目学习过程中的所学、所悟、所感，分组讨论我国未来的办公家具、办公设备、办公空间设计在智能化、绿色环保等方面的发展方向。

　　小提示：我国一直在推动战略性新兴产业融合集群发展，我国的制造业往高端化、智能化、绿色化的方向发展。未来我国办公空间设计往智能办公、绿色办公、虚拟办公等方向发展。

2. 任务实施过程

"工作领域 3：概念快题设计"工作任务实施见表 5-10。

表 5-10　"工作领域 3：概念快题设计"工作任务实施

工作领域	工作任务	任务要求	工作流程	活动记录 / 任务成果
工作领域 3：概念快题设计	任务 5-3-1 设计构思，设计定位	1. 提出合理的设计思路，明确设计创意方向。 2. 展开设计构思，进行设计定位。 3. 确立设计风格，展开设计构思。 4. 设计元素选取与提炼	步骤 1：明确设计创意方向，进行设计构思、设计定位。 步骤 2：绘制思维导图。 步骤 3：提炼设计元素	1. 讨论记录。 2. 思维导图。 3. 设计元素提炼草图
	任务 5-3-2 概念设计，方案绘制	1. 确定未来办公空间主要装饰风格，界面处理、材料选择。 2. 绘制平面图、顶面图、立面图、剖面图。 3. 手绘透视效果图，表现手法不限（水彩笔、马克笔、彩色铅笔）	步骤 1：功能需求分析。 步骤 2：平面优化设计。 步骤 3：装饰风格确定。 步骤 4：界面处理。 步骤 5：绘制立面、透视草图。 步骤 6：手绘透视效果图	1. 讨论记录和过程表格。 2. 各类分析草图。 3. 手绘透视效果图
	任务 5-3-3 快题设计，展板制作	1. 快题设计。完成过程图纸、表述设计构思、设计方案、设计主题及设计特点等。 2. 把上述内容编排在 A1 或 A2 图纸中	步骤 1：完善概念设计方案资料。 步骤 2：准备设计文件	1. 各类过程图纸。 2. 设计图纸

3. 任务指导

（1）本项目的实训目标：学习掌握创新型办公空间设计，学习设计分析，强化快题设计表现能力。主要完成未来办公空间快题设计方案，包括办公空间界面设计，概念草图绘制，手绘平面图、立面图、效果图。

（2）编制比赛展板，图纸尺寸为 A1 或者 A2，提交手绘原件及电子稿照片，文件格式为 JPG。

4. 任务实施评价

根据任务完成情况，学生自评、小组成员之间互评，填写工作过程评价表 P-1、表 P-2，由组长最后填写小组内成员互评表。

5. 知识拓展与课后实训

（1）课后学习设计快题知识点。设计快题最终服务于设计本身。主要表达整个设计方案的思考过程，通过设计快题了解设计思考与设计分析过程。完整的设计快题内容包括分析图设计、设计说明、版式设计、标题字设计、平面图设计、效果图设计、剖立面图设计、制图基础等部分。

（2）课后了解设计分析的主要内容。设计分析图的种类与形式多种多样，并没有固定的模式，常见的设计分析包括前期分析、思维导图分析、基地环境分析、功能分析、流线分析、视线视角分析、色彩分析、材质分析、造型元素分析、使用场景分析、光照分析、空气流动分析、交互分析、节点构造分析、灯光照明分析等。实训时可以选择性地完成设计分析内容，具体参考图例见二维码。

设计快题的内容与步骤

办公空间设计快题案例参考

（3）想一想，写下办公室设计快题的具体步骤：

步骤 1：＿＿＿＿＿＿＿＿＿＿＿＿＿＿＿＿＿＿＿＿＿＿＿＿＿＿＿＿＿＿＿＿＿＿＿＿

＿＿

＿＿

＿＿

步骤 2：＿＿＿＿＿＿＿＿＿＿＿＿＿＿＿＿＿＿＿＿＿＿＿＿＿＿＿＿＿＿＿＿＿＿＿＿

＿＿

＿＿

＿＿

步骤 3：＿＿＿＿＿＿＿＿＿＿＿＿＿＿＿＿＿＿＿＿＿＿＿＿＿＿＿＿＿＿＿＿＿＿＿＿

＿＿

＿＿

＿＿

步骤 4：＿＿＿＿＿＿＿＿＿＿＿＿＿＿＿＿＿＿＿＿＿＿＿＿＿＿＿＿＿＿＿＿＿＿＿＿

＿＿

＿＿

＿＿

工作领域 4：方案成果展示

1. 任务思考

引导问题 1：练一练，写出 400~500 字的本项目的设计说明。

_____

_____

_____

_____

_____

引导问题 2：通过思考，总结本项目的设计特色与创新点，主要分析设计中遇到的设计难点与解决方法，撰写本设计项目的总结，500 字左右。

_____

_____

_____

_____

_____

2. 任务实施过程

"工作领域 4：方案成果展示"工作任务实施见表 5-11。

表 5-11　"工作领域 4：方案成果展示"工作任务实施

工作领域	工作任务	任务要求	工作流程	活动记录 / 任务成果
工作领域 4：方案成果展示	任务 5-4-1 汇报准备，报告编写	1. 汇报资料准备，设计分析图、设计定位说明、手绘效果图、设计空间分析、设计元素提取过程等。 2. 设计图纸制作。 3. 通过分组讨论，分享自己的学习成果，评价组员的成果，提出质疑	步骤 1：项目汇报资料准备。 步骤 2：汇报图纸绘制	1. 设计方案图纸。 2. 汇报图纸绘制
	任务 5-4-2 方案汇报，作品展示	每组对设计成果进行汇报，要求每个团队时间控制在 5~8 min，设计流程介绍完整，重点突出，详略得当	步骤 1：成果展示与汇报。 步骤 2：优化设计成果。 步骤 3：提交成果	项目汇报图纸

续表

工作领域	工作任务	任务要求	工作流程	活动记录 / 任务成果
工作领域 4：方案成果展示	任务 5-4-3 项目总结，教师点评	1. 学生完成设计团队项目总结，撰写设计项目总结。 2. 教师、企业专家评价。 3. 课后拓展学习	步骤 1：项目总结反思（设计团队）。 步骤 2：教师及企业专家评价与总结。 步骤 3：课后拓展学习	1. 项目总结报告。 2. 表 P-4：项目综合评分表(教师、企业专家)

3. 任务指导

（1）项目汇报资料准备。准备彩色平面图、手绘效果图、设计方案说明等设计成果，最终设计成果为完成 1~2 张 A2 手绘设计快题作品，利用文字及图表表述设计方案说明，描述本方案设计定位说明、2 个空间的手绘效果图、设计元素提取、2 张主要立面图、部分设计空间分析等。

（2）通过分组讨论，分享自己的学习成果，评价组员的成果，提出质疑；每组对设计成果进行汇报，要求每个团队时间控制在 5~8 min，设计流程介绍完整，重点突出，详略得当。

4. 任务实施评价

根据任务完成情况，学生自评、小组成员之间互评，填写工作过程评价表 P-1、表 P-2，由组长最后填写小组内成员互评表。

5. 知识拓展与课后实训

课后深入学习办公空间设计快题要求及内容。查找优秀的未来办公空间设计案例，对优秀案例进行分析。

5.7　项目评价与总结

5.7.1　综合评价

下载"项目各类评价表"二维码中的表格，打印后填写项目评价表：

（1）小组成员对项目实施及任务完成情况进行自评、互评，填写评价表 P-3：项目综合评分表（学生自评、互评）。

（2）教师及企业专家对每组项目完成情况进行评价，填写评价表 P-4：项目综合评分表（教师、企业专家）。

项目各类评价表

5.7.2　项目总结

本项目主要学习办公空间的创意思维、未来办公空间发展趋势等知识，掌握科技化与智能办公的方法，多元化办公的定义及设计方法，灵活办公的分类及设计方法，绿色环保办公的设计方法，人文艺术办公的分类及设计方法。通过未来办公空间的设计实训，熟悉办公空间概念设计流程，提高设计过程分析图的绘制能力，强化室内设计快题的表达能力。

5.8　知识巩固与技能强化

5.8.1　知识巩固

1. 单选题

（1）创新设计是具有科学性、（　　）、新颖性及实用性的一种实践活动。

  A. 创造性　 B. 技术性

  C. 独创性　 D. 特殊性

（2）从"人与自然"和谐发展的哲学思想出发，以"和谐共生"的思想高度去思考办公空间中空间、人、（　　）之间的关系。

  A. 材料　 B. 植物

  C. 环境　 D. 功能

2. 多选题

（1）近几年，我国在产业结构方面将持续升级，（　　）发展迅猛。

  A. 新业态　 B. 新科技

  C. 新产业　 D. 新技术

（2）办公模式也呈多元化发展趋势，出现了如（　　）等智能型办公形态。

  A. 虚拟办公　 B. 虚拟会议

  C. 分散办公　 D. 移动办公

  E. 共享办公

3. 判断题

（1）在办公空间设计时，从环保设计理念出发，采用"新材料、新方法、新技术"降低装修成本。

                   （　　）

（2）办公空间设计可以从民间与民族方面寻找灵感，挖掘中国传统文化、地域性文化、历史素材等设计元素。   （　　）

5.8.2　技能强化

  任务 1：通过网络调研，查找数字艺术在办公空间应用的案例，分析数字艺术中哪些新科技、新材料可以应用于办公空间设计，分析案例作品的设计特点。

  任务 2：以办公空间设计中的休闲区为主要空间，运用"创新性空间形态"表现方法绘制几个休闲区家具设计草图，表现手法不限。

※ 笔　记

附　　录

附件 1　评价表

附件 2　任务工作单

参 考 文 献

[1] 中国室内装饰协会.室内设计职业技能等级标准（2021 年 2.0 版）[S].2021.

[2] 壹仟零壹艺网络科技（北京）有限公司.建筑装饰装修数字化设计职业技能等级标准（2021 年 1.0 版）[S].2021.

[3] 教育部.教育部关于印发《职业教育专业目录（2021 年）的通知》（教职成〔2021〕2 号）[S].2021.

[4] 全国职业院校技能大赛建筑装饰技术应用赛项规程 [S].2019.

[5] 王冲，李坤鹏.室内装饰施工图设计规范与深化逻辑 [M].北京：中国建筑工业出版社，2019.

[6] 冯芬君.办公空间设计 [M].北京：人民邮电出版社，2015.

[7] 朱江，周亚蓝，康弘玉，等.办公空间设计 [M].武汉：华中科技大学出版社，2021.

[8] 王春霞.办公空间设计 [M].武汉：华中科技大学出版社，2018.

[9] 杨宇.办公空间设计与实训 [M].沈阳：辽宁美术出版社，2020.

[10] 肖海文，张政梅，程厚强.家具设计与制作 [M].北京：北京理工大学出版社，2021.

[11] 王秀静，冯美宇.建筑装饰设计 [M].2 版.北京：科学出版社，2021.

[12] 薛健.室内外设计资料集 [M].北京：中国建筑工业出版社，2002.

[13] 来增祥，陆震纬.室内设计原理 [M].2 版.北京：中国建筑工业出版社，2006.

[14] 陈云.SOHO 族居住空间设计研究 [D].青岛：青岛理工大学，2014.

[15] 杨凯智.植物景观在办公空间设计中的应用研究 [D].长春：吉林建筑工程学院，2012.

[16] 孙小帆.办公空间景观化设计研究 [D].景德镇：景德镇陶瓷大学，2019.

[17] 辛承愿.体现自然情结的创意型办公空间设计研究 [D].无锡：江南大学，2012.

[18] 韩伟.办公空间的个性化设计研究 [D].青岛：青岛大学，2017.

[19] 刘志斌.基于绿色环保的办公空间设计研究 [D].成都：西南交通大学，2017.